新工科建设之路·计算机类系列教材

高等学校应用型特色系列教材

Python 程序设计基础

王玉玲　梁　君　伍　平　主　编

肖　琼　王东升　金增楠　**副主编**

孙　军　**主　审**

李　丹　杨仁硕　宋非非　**参　编**

电子工业出版社

Publishing House of Electronics Industry

北京•BEIJING

<h1 style="text-align:center">内 容 简 介</h1>

本书以《全国计算机等级考试二级 Python 语言程序设计考试大纲(2022 版)》为基础,以计算机语言类初学者为教学对象,以 Python 3.x 为背景,循序渐进地介绍了 Python 语言的基本知识、基础语法、数据结构、控制结构和基本应用等内容。

本书共分为 12 章,主要内容有 Python 概述、数据结构、运算符与表达式、流程控制结构、函数与模块、面向对象程序设计、图形用户界面、图形绘制、文件操作、网络爬虫、数据分析与可视化基础、程序错误与异常处理。

本书注重实用性和实践性,以基本语句的使用为基础,以典型案例的讲解为支撑,通过算法的理论讲解和程序的实践练习,力求提高读者的程序设计能力。

本书既可作为高等院校计算机相关专业学生的教材,又可作为工程技术人员和计算机爱好者的参考用书。

图书在版编目(CIP)数据

Python 程序设计基础 / 王玉玲,梁君,伍平主编. —北京:电子工业出版社,2023.7

ISBN 978-7-121-45994-8

Ⅰ. ①P… Ⅱ. ①王… ②梁… ③伍… Ⅲ. ①软件工具－程序设计－职业教育－教材 Ⅳ. ①TP311.561

中国国家版本馆 CIP 数据核字(2023)第 131867 号

责任编辑:刘 瑀
印　　刷:涿州市京南印刷厂
装　　订:涿州市京南印刷厂
出版发行:电子工业出版社
　　　　　北京市海淀区万寿路 173 信箱　　邮编:100036
开　　本:787×1092　1/16　印张:15　字数:338 千字
版　　次:2023 年 7 月第 1 版
印　　次:2023 年 7 月第 1 次印刷
定　　价:52.00 元

前　言

Python 作为一种面向对象的解释型程序设计语言，具有简单易学、免费开源、功能强大等特点，而且拥有丰富的第三方库。目前，Python 已发展为非常流行的编程语言之一，在人工智能、Web 和 Internet 开发、科学计算和统计、软件开发、后端开发等领域得到了广泛的应用。

本书共分为 12 章，对 Python 程序设计基础进行介绍，不仅注重实用性和实践性，还注重对读者基础能力的培养。第 1 章是 Python 概述，主要介绍 Python 的发展、特点、应用、安装和开发环境；第 2~6 章是对 Python 基础知识的讲解，主要介绍数据结构、运算符与表达式、流程控制结构、函数与模块，以及面向对象程序设计，详细讲解各类语句的应用，打好编程基础；第 7~11 章是对具体实践操作的讲解，主要介绍图形用户界面、图形绘制、文件操作、网络爬虫，以及数据分析与可视化基础，并对标准库和常用第三方库的使用进行了较为详细的讲解，力求培养读者的编程思想，提高其综合运用和实践能力；第 12 章主要介绍程序错误与异常处理，分析编程过程中常见的异常情况，并对其处理与调试进行讲解。

本书的主要特色如下。

（1）根据类型划分知识点，便于读者理解和掌握。

（2）结合例题对基础知识进行详细讲解，可帮助读者打好编程基础。

（3）提供丰富的实际案例，有利于深化读者对基础知识的理解与应用。

（4）对典型案例进行讲解，可提高读者对知识的综合运用能力；另外，通过算法的理论讲解和程序的实践练习，可提高读者的程序设计能力。

（5）内容精炼、结构合理、文字简洁、案例经典、定位明确，面向计算机语言类初学者，可帮助其零基础起步，逐步提高。

本书包括教学课件、源代码、课后习题等配套电子资源，读者可登录华信教育资源网（www.hxedu.com.cn）免费下载。

如果本书被用作 Python 语言程序设计课程的教材，则推荐授课学时为 48 学时。学时分配如表 1 所示。

表 1　本书推荐授课学时分配

章　节	学　时	章　节	学　时
第 1 章　Python 概述	2	第 7 章　图形用户界面	4
第 2 章　数据结构	6	第 8 章　图形绘制	4

续表

章　节	学　时	章　节	学　时
第3章 运算符与表达式	4	第9章 文件操作	4
第4章 流程控制结构	6	第10章 网络爬虫	4
第5章 函数与模块	4	第11章 数据分析与可视化基础	4
第6章 面向对象程序设计	4	第12章 程序错误与异常处理	2

本书由沈阳城市建设学院的王玉玲老师带领人工智能教学团队编写。编写人员任务分工如表2所示。

表2　本书编写人员任务分工

编写人员	任　务	编写人员	任　务
王玉玲	第7章和第8章	肖琼	第1章和第2章
梁君	第9章和第10章	王东升	第3章和第4章
伍平	第6章和第11章	金增楠	第5章和第12章

感谢沈阳城市建设学院对本书出版的大力支持，感谢沈阳建筑大学孙军教授和电子工业出版社刘瑀编辑对本书编写提出的宝贵意见。同时，在编写本书的过程中，沈阳城市建设学院的李丹、杨仁硕、宋非非提供了参考资料，王娜、李琪、商丽、范磊、冯嵩、刘菲菲、于联周、韩志、王丹等人提供了编写建议，在此一并表示诚挚的感谢。

由于作者水平有限，书中难免存在一些疏漏和不足之处，恳请广大同行专家与读者批评、指正。

王玉玲

目　　录

第 1 章　Python 概述

Python 是一种跨平台、面向对象、开源、免费、动态数据类型的解释型编程语言。根据 Tiobe 网页对编程语言的排序，目前 Python 的地位已经超过 C++语言和 Java 语言，是世界上非常热门的编程语言。本章主要讲解 Python 的基础内容和基本操作，让读者能够快速入门。

1.1　Python 简介

1.1.1　Python 的发展历史

从出现编程语言至今，全世界已有 600 多种计算机编程语言。随着时间的推移，目前世界上流行的编程语言有 20 多种。这些编程语言有各自专属的应用领域，如 C 语言适用于底层硬件的开发，Java 语言适用于网络应用程序的开发，JavaScript 语言适用于网页的开发等。

早期的计算机编程受限于计算机配置，内存较小。程序员在编程时，不得不考虑内存的占用，使用的编程方式着重于提高硬件的管理水平，以此最大化地利用内存。这就意味着，编程过程中需要耗费大量的精力和时间来管理内存等硬件。Python 的创立者 Guido van Rossum 希望有一种语言既能像 C 语言一样调用所有的计算机功能接口，又可以像 Shell 语言一样具有编程简单的特点，因而研发了 Python。

1989 年，Guido 以 C 语言为基础，借鉴了 ABC 语言、Modula-3 语言、C++语言、Algol-68 语言、Smalltalk 语言、UNIX Shell 语言和其他脚本语言的特点，研究并开发了 Python 解释器，并于 1991 年推出了第一个公开发行的版本。随着计算机硬件技术的发展，CPU 的处理能力显著提升，内存的存储空间也大为增加。在此背景下，程序员由原来重点考虑硬件的性能转变成更加关注计算机程序的开发效率。

Python 跟随着科技创新的脚步快速发展。2000 年 10 月 16 日，Python 2.0 发布，具有垃圾回收功能，并支持 Unicode 编码。2018 年 12 月 3 日，Python 3.0（简称 "Py3k"）发布。相较于 Python 2.x 而言，Python 3.x 做出了很大的改变，但其未考虑向下兼容的问题，导致早期的 Python 2.x 程序无法在 Python 3.x 中正常执行。2020 年 1 月，Python 的核心团队正式停止对 Python 2.x 的支持。今天的 Python 已经进入 Python 3.x 时代。

1.1.2　Python 的特点

目前，Python 的框架已大致确立并完善，该语言优点比较多，如具有高度的统一性，语法格式、工具集具有一致性，以及程序代码一次性编写、可长期使用、便于维护、可读性好等。Python 是一款非常好用的编程工具，以对象为核心组织代码，支持多种编程范式，采用动态类型，自动进行内存回收，并调用 C 语言库进行拓展。

Python 的主要特点如下。

（1）简单易懂。Python 的语句编写简单，阅读方便。用户可以快速上手，不仅入门容易，还可以进行深入学习，使用 Python 编写非常复杂的程序。

（2）免费开源。Python 是自由/开放源代码软件（Freel Libre and Open Source Software，FLOSS）之一。用户可以直接阅读源代码，也可以对源代码进行借鉴、使用和修改。

（3）数据类型丰富。Python 将常用的数据结构作为语言的组成部分，如整数（int）、浮点数（float）、复数（complex）、布尔值（bool）、字符串（str）、列表（list）、元组（tuple）、字典（dict）等。这些数据结构简单、灵活，便于实现各种算法，也可以在大型应用中组织复杂的功能。

（4）解释型语言。Python 程序运行时，只需要使用 Python 解释器就可以解释与执行相关命令，省略了 C 语言、C++语言等编译型语言的编译、链接步骤。

（5）交互式开发模式。Python 中的代码一经修改，即可见到修改后的效果，便于开发人员提高编程效率。

（6）拥有丰富的库。Python 提供了内容丰富的标准库和第三方库，用以实现各种功能，如正则匹配、网络爬虫、XML 创建、数据库开发与管理、图像处理、科学计算等。

（7）高黏合性。Python 可以很好地与其他语言进行黏合，如通过调用 C 语言的应用程序接口（API）、Java 语言的类库，可以实现与 C 语言和 Java 语言的协作开发。

（8）独立运行。可以通过 cx_Freeze、Pyinstaller、py2exe 等工具将 Python 中的程序和相关依赖模块打包成.exe 文件，从而在 Windows 系统中独立运行。

1.1.3　Python 的应用

Python 的功能强大，应用广泛，常用的场合如下。

（1）GUI 开发。Python 提供了 wxPython、PyQT、tkinter 等模块/库，可以快速开发图形用户界面（Graphical User Interface，GUI）。

（2）Web 应用开发。Python 提供了标准 Internet 模块，可广泛应用于各种 Web 应用的开发。其中比较著名的 Web 框架（如 Django、Flask、web.py、Tornade 等）能够快速开发功能完善和高质量的 Web 应用。

（3）数据获取。Python 提供了 Scrapy、urllib、re 等模块/库，用于实现网络爬虫。Google 搜索引擎使用 Python 可以实现大部分功能。

（4）多媒体应用。Python 提供了 PyOpenGL 库，通过应用程序接口可以进行二维图像和三维图像处理。另外，Python 提供了 Pygame 库，用于电子游戏设计。其中，网易游戏的服务器端大部分应用的开发都使用 Python 来实现。

（5）科学计算。Python 提供了 NumPy、SciPy、Matplotlib、Pandas 等第三方库，用于科学计算、大数据处理，以及绘制高质量的 2D 图像和 3D 图像。相对于科学计算领域十分流行的商业软件 Matlab，Python 提供了更多的第三方库。NASA、Los Alamos、Fermilab、JPL 等使用 Python 完成了大部分的科学计算任务。

（6）数据库开发。Python 支持所有主流数据库，如 Oracle、Sybase、MySQL、MongoDB 等，用于数据的开发和应用。

（7）系统编程。Python 为操作系统设置了内置接口，用于编写可移植的操作系统管理工具和部件。通过这些接口，Python 可以搜索文件和路径、运行程序、使用进程或线程进行并行处理等。

1.1.4　Python 的不足

Python 的自身特点决定其具有一定的不足，具体如下。

（1）运行速度慢。和 C 语言、C++语言相比，Python 语言的运行速度相对较慢。解释型语言的特点决定 Python 需要先将源代码编译成字节码，之后对字节码进行解释，整个过程非常耗时。

随着 Python 版本的不断优化，在多数场景中，Python 的运行速度已经可以满足需求。在一些对速度有极端要求的场景中，如数值计算和动画处理，可以先将速度要求高的应用分离并转换为编译好的扩展，然后通过 Python 将整个系统串联起来，完成项目的设计。

（2）代码保密性低。Python 中程序的发布基本上只是发布源代码，不能保证代码保密性。相对而言，C 语言、C++语言中程序的发布可以把编译后的机器码（.exe 文件）一并发布出去，由于无法反推出源代码，因此有较高的代码保密性。

纵然，Python 存在运行速度和代码保密性方面的短板，但 Python 带来的开发效率提升，以及给予用户的交互式开发体验，促使其成为目前十分流行的一类编程语言。

1.2　Python 的下载与安装

Python 可以应用于 Windows 系统、Linux 系统、Mac 系统等环境中。其中，Linux 系统、Mac 系统基本都默认安装了 Python。本节以 Windows 系统为例，介绍 Python 的下载与安装。

1.2.1 下载 Python 安装包

访问 Python 官网，在首页选择"Downloads"→"Windows"选项，如图 1-1 所示。打开 Python 下载列表页面后，可以看到 Python 近期发布的若干版本，如图 1-2 所示。

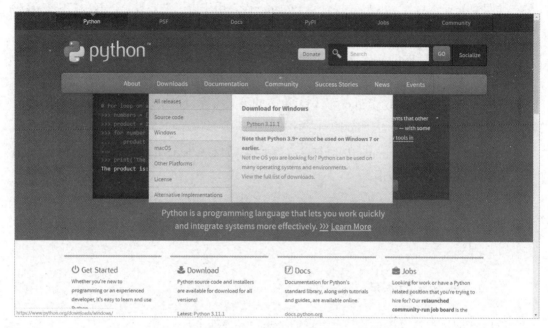

图 1-1 选择"Downloads"→"Windows"选项

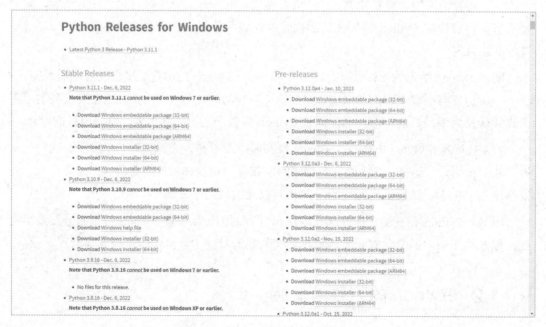

图 1-2 Python 近期发布的若干版本

用户可以根据个人需求和计算机 CPU GPRs 的数据宽度（32 位或 64 位）选择相应的

版本。本书选择的是"Python 3.7.2-Dec.24,2018"版本（64 位），如图 1-3 所示。该版本较为稳定，可以满足绝大部分的编程需要。选择"Download Windows x86-64 executable installer"选项，下载完成后，会得到一个 python-3.7.2-amd64.exe 安装包。

图 1-3　选择"Python 3.7.2-Dec.24,2018"版本

1.2.2　安装 Python

本书以安装"Python 3.7.2-Dec.24,2018"版本的安装包为例，安装步骤如下。

（1）双击下载的 python-3.7.2-amd64.exe 安装包，在打开的 Python 安装向导界面（见图 1-4）中勾选"Add Python 3.7 to PATH"复选框，将 Python 的安装路径添加到系统的环境变量中，这样会自动配置环境变量。

图 1-4　Python 安装向导界面

（2）Python 安装向导界面中显示了两种安装方式，"Install Now"表示立即安装，"Customize installation"表示自定义安装。本书选择"Customize installation"安装方式，打开安装选项界面，如图 1-5 所示。可以在该界面中设置安装路径、安装选项等内容。

图 1-5　安装选项界面

其中，"Documentation"表示安装 Python 的帮助文档；"pip"表示安装用于下载 Python 各种包的工具；"td/tk and IDLE"表示安装 tkinter 和 IDLE；"Python test suite"表示选择安装测试的标准库。这 4 个复选框是可以自主勾选的，对接触 Python 时间不长的用户来说，建议勾选全部复选框。灰色的"py launcher"和"for all users(requires elevation)"表示所有用户都可以启动 Python。勾选全部复选框后，单击"Next"按钮。

（3）打开高级选项界面，如图 1-6 所示。

其中，不勾选"Install for all users"复选框表示只为当前的用户安装 Python，默认安装路径为"C:\Users\ling\AppData\Local\Programs\ Python \Python37"，可以根据个人的需要更改路径，将 Python 软件安装到指定位置；勾选此复选框表示为所有的用户安装 Python，默认安装路径为"C:\Program Files\Python37"。本书勾选"Install for all users"复选框，使用默认安装路径。

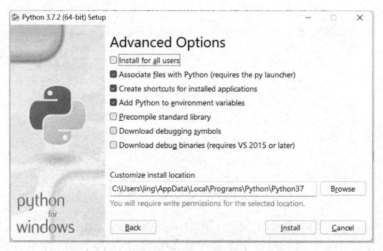

图 1-6　高级选项界面

"Associate files with Python (requires the py launcher)"表示安装 Python 的相关文件；"Create shortcuts for installed applications"表示在开始菜单中创建 Python 选项；"Add Python to environment variables"表示添加环境变量。勾选以上 3 个复选框，进行 Python 的默认安装。

"Precompile standard library"表示预编译 Python 的标准库，可以提高程序的运行效率；"Download debugging symbols"表示下载调试标识；"Download debug binaries (requires VS 2015 or later)"表示可以下载二进制代码进行调试。这 3 个复选框可以根据需要自主勾选。本书勾选全部复选框，如图 1-7 所示。单击"Install"按钮，开始安装 Python。

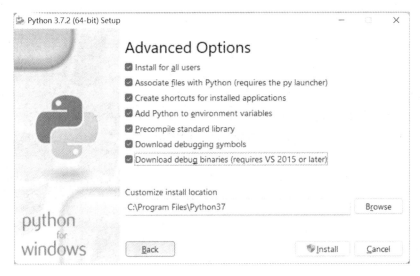

图 1-7　勾选全部复选框

（4）安装进度界面如图 1-8 所示，安装成功界面如图 1-9 所示。

图 1-8　安装进度界面

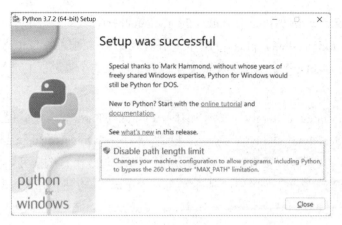

图 1-9　安装成功界面

1.2.3　测试 Python

安装完成后，需要测试 Python 是否安装成功。按 Windows+R 组合键，打开"运行"界面，如图 1-10 所示。输入"python"命令，按回车键，尝试打开 Python，安装成功提示如图 1-11 所示。

图 1-10　"运行"界面

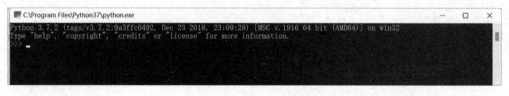

图 1-11　安装成功提示

1.3　Python 的开发环境

一款好用的编辑器或者一个理想的集成开发环境（Integrated Development Environment，IDE）对于代码的编写、调试非常重要。Python 的编辑器和集成开发环境众多，有 Python 自带的 IDLE 集成开发环境，以及 vim 编辑器、Sublime Text 编辑器、Komodo Edit 编辑器、Eclipse with PyDev 集成开发环境、Wingware 集成开发环境、

PyCharm 集成开发环境、Jupyter Notebook 应用程序等。

（1）IDLE。IDLE 是 Python 自带的集成开发环境，具备集成开发环境的基本功能与相关特点，如语法高亮、代码缩进、可进行基本的文本编辑与调试、免费等，适合接触 Python 时间不长的用户使用。

（2）Vim。Vim 提供更为实用的 UNIX 文本编辑器功能。

（3）Sublime Text。Sublime Text 非常受开发者欢迎，支持多种语言。

（4）Komodo Edit。Komodo Edit 是一款简洁、专业的 Python 编辑器。

（5）Eclipse with PyDev。Eclipse with PyDev 是 Eclipse 开发的 Python 集成开发环境，支持 CPython、Jython 和 IronPython 的开发。

（6）Wingware。Wingware 支持 Python 2.x 和 Python 3.x，结合 Django、Matplotlib 等框架使用，集成了单元测试、驱动开发等功能。

（7）PyCharm。PyCharm 是由 JetBrains 开发的 Python 集成开发环境，具有代码调试、语法高亮、代码跳转、版本控制等多项功能。

（8）Jupyter Notebook。Jupyter Notebook 的本质是一个 Web 应用程序，便于创建和共享程序文档，支持实时代码、数学方程、可视化等。

1.3.1　IDLE

IDLE 是由 Python 的图形接口库 tkinter 实现的图形界面开发工具。在 Windows 系统中安装 Python 时，会自动安装 IDLE。可以在"开始"菜单的"Python 3.7"文件夹中找到 IDLE，如图 1-12 所示。

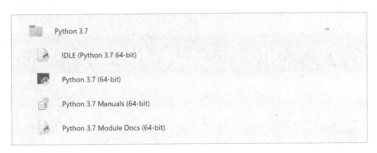

图 1-12　在"开始"菜单中的"Python 3.7"文件夹中找到 IDLE

Windows 系统中的 IDLE 命令行界面如图 1-13 所示。

图 1-13　IDLE 命令行界面

1.3.2 PyCharm

PyCharm 是由 JetBrains 公司开发的第三方 Python IDE，具有调试、语法高亮、项目管理、代码跳转、智能提示、单元测试、版本控制等功能，可以帮助用户提高 Python 开发效率。

使用 PyCharm 之前需要先对其进行安装，PyCharm 的下载与安装步骤如下。

1. 下载

访问 PyCharm 官网，如图 1-14 所示。

图 1-14　PyCharm 官网

单击"DOWNLOAD"按钮，打开 PyCharm 下载页面，如图 1-15 所示。

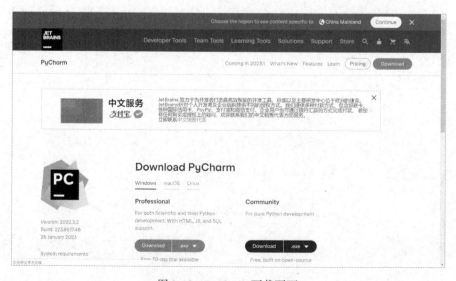

图 1-15　PyCharm 下载页面

在该页面中，用户可以根据需要下载对应版本的 PyCharm 安装包。"Professional"是专业版，可以使用 PyCharm 的所有功能，新安装可以试用 30 天，30 天后需要付费。"Community"是社区版，相对于专业版，该版本缺少部分功能，免费，适合接触 PyCharm 时间不长的用户使用。PyCharm 两个版本的功能区别如图 1-16 所示。

	PyCharm Professional Edition	PyCharm Community Edition
Intelligent Python editor	✓	✓
Graphical debugger and test runner	✓	✓
Navigation and Refactorings	✓	✓
Code inspections	✓	✓
VCS support	✓	✓
Scientific tools	✓	
Web development	✓	
Python web frameworks	✓	
Python Profiler	✓	
Remote development capabilities	✓	
Database & SQL support	✓	

图 1-16 PyCharm 两个版本的功能区别

单击社区版"Community"下面的"DownLoad"按钮，下载 pycharm-community-2022.3.2.exe 安装包。

2. 安装

双击下载的 pycharm-community-2022.3.2.exe 安装包，打开欢迎安装界面，如图 1-17 所示。单击"Next"按钮，打开安装路径界面，如图 1-18 所示。可以根据软件的安装需要修改相应的安装路径。本书使用默认安装路径，单击"Next"按钮。

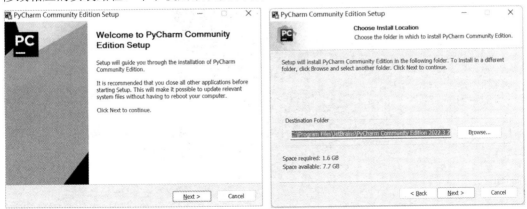

图 1-17 欢迎安装界面　　　　　　　图 1-18 安装路径界面

3. 安装选项

打开安装选项界面，"Create Desktop Shortcut"用于创建桌面快捷方式；"Update PATH Variable (restart needed)"用于更新路径变量（需要重新启动）；"Update Context Menu"用于更新菜单；"Create Associations"用于创建关联的.py 文件。以上 4 个复选框可以根据需要自主勾选。本书勾选全部复选框，如图 1-19 所示。完成后，单击"Next"按钮，打开创建启动菜单界面，如图 1-20 所示。单击"Install"按钮，进行安装。

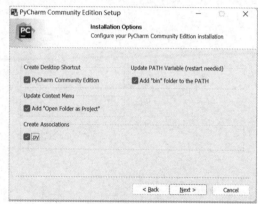

图 1-19　勾选全部复选框

图 1-20　创建启动菜单界面

4. 安装完成

安装进度界面如图 1-21 所示，安装完成界面如图 1-22 所示。单击"Finish"按钮，完成安装。

图 1-21　安装进度界面

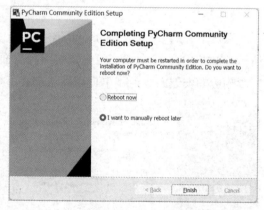

图 1-22　安装完成界面

1.4　“Hello World !” 程序的运行

1.4.1　通过 IDLE 编码方式运行程序

1. 编写程序

打开 IDLE，依次选择菜单栏中的“File”→“New File”命令，在打开的 IDLE 命令行界面中输入如下代码：

```
print('Hello world!')
print('你好！')
```

在 Python 中，print()函数是一个打印函数，用于输出括号中的内容，其代码在 IDLE 命令行界面中的运行结果如图 1-23 所示。

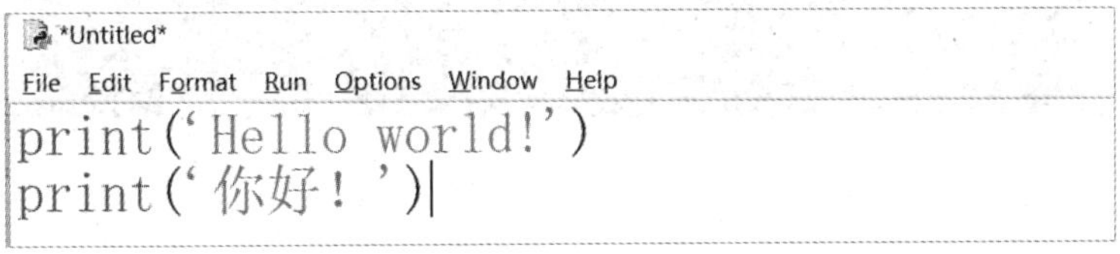
Untitled
File Edit Format Run Options Window Help
print('Hello world!')
print('你好！')

图 1-23　代码在 IDLE 命令行界面中的运行结果

2. 保存程序

依次选择“File”→“Save”命令，将文件命名为“1_1”，选择文件的类型为“Python Files(*.py *.pyw)”，将其保存为.py 文件。

3. 运行程序

按 F5 快捷键或依次选择“Run”→“Run Module”命令，运行当前代码。IDLE 编码方式运行结果如图 1-24 所示。

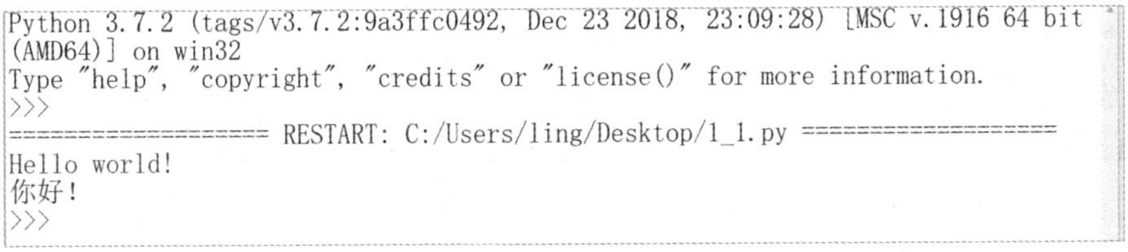
Python 3.7.2 (tags/v3.7.2:9a3ffc0492, Dec 23 2018, 23:09:28) [MSC v.1916 64 bit (AMD64)] on win32
Type "help", "copyright", "credits" or "license()" for more information.
>>>
=================== RESTART: C:/Users/ling/Desktop/1_1.py ===================
Hello world!
你好！
>>>

图 1-24　IDLE 编码方式运行结果

输出的两行内容分别对应 print()函数的顺序输出。如果用户忘记了文件的保存路径，则可通过 IDLE 命令行界面查找对应的文件。本书 1_1.py 文件的保存路径为“C:/Users/ling/Desktop/1_1.py”。

1.4.2 通过命令行方式运行程序

当双击 1_1.py 文件时，IDLE 命令行界面会在极短的时间内打开并关闭。这一速度非常快，用户几乎无法看到显示的内容。为了能更清楚地看到输出的结果，在 Windows 系统中，可以通过命令行的方式运行 Python 程序。

（1）打开 IDLE 命令行界面。按 Windows+R 组合键，打开"运行"界面，输入"cmd"命令并按回车键，打开 IDLE 命令行界面。

（2）输入文件的完整保存路径。使用 cd 命令，在 IDLE 命令行界面中输入文件的完整保存路径，并按回车键，将显示运行结果。例如，输入 1_1.py 文件的完整保存路径"C:/Users/ling/Desktop/1_1.py"，按回车键，运行当前代码。命令行方式运行结果如图 1-25 所示。

```
C:\Users\ling\Desktop>1_1.py
Hello world!
你好！

C:\Users\ling\Desktop>
```

图 1-25　命令行方式运行结果

1.4.3 通过交互方式运行程序

通过交互方式运行程序是指在使用 Python 命令的过程中运行程序，具体步骤如下。

（1）打开 IDLE，在 IDLE 命令行界面中输入第一行代码：

```
print('Hello World!')
```

按回车键，运行当前代码。交互方式运行结果（1）如图 1-26 所示。

```
Type "help", "copyright", "credits" or "license()" for more information.
>>> print('Hello World!')
Hello World!
```

图 1-26　交互方式运行结果（1）

（2）输入第二行代码：

```
print('您好!')
```

按回车键，运行当前代码。交互方式运行结果（2）如图 1-27 所示。

```
Type "help", "copyright", "credits" or "license()" for more information.
>>> print('Hello World!')
Hello World!
>>> print('您好!')
您好！
>>>
```

图 1-27　交互方式运行结果（2）

1.4.4　通过 PyCharm 方式运行程序

1．创建项目

可以通过双击桌面上的"PyCharm"快捷方式或者选择"开始"菜单中的"PyCharm"命令打开 PyCharm。在首次启动 PyCharm 时，会提示是否导入开发配置环境，勾选"Do not import settings"复选框，并单击"Ok"按钮。打开 PyCharm 协议界面，仔细阅读之后勾选同意协议复选框，单击"Continue"按钮打开 PyCharm 欢迎界面，如图 1-28 所示。

图 1-28　PyCharm 欢迎界面

单击"New Project"上面的加号按钮，打开项目设置界面，如图 1-29 所示。

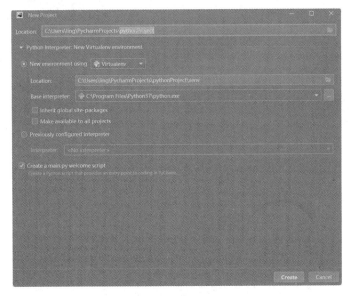

图 1-29　项目设置界面

PyCharm 会为新项目自动设置路径和名称。为了更好地管理项目，最好自定义容易管理的路径和名称。本书自定义的项目名为"Python2022Test"，保存在 D 盘的根目录下。设置完成后，单击"Create"按钮，完成项目的创建。

2. 设置开发环境

（1）基本路径设置。依次选择"File"→"Setting"命令，根据实际需要进行设置。

（2）修改主题。依次选择"Appearance & Behavior"→"Appearance"命令。其中，"Theme"表示修改主题的内容；"Name"表示修改主题的字体；"Size"表示修改主题的字号。

（3）修改代码的格式。依次选择"Editor"→"Font"命令。其中，"Size"表示修改代码的字号；"Font"表示修改代码的字体。

3. 新建文件

依次选择"File"→"New"命令，在弹出的"New"快捷菜单中（见图 1-30），选择"Python File"命令，输入文件名为"1_1"（见图 1-31），按回车键，新文件创建成功。

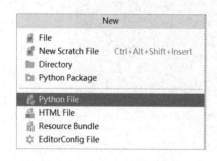

图 1-30　"New"快捷菜单

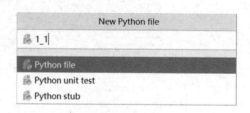

图 1-31　输入文件名为"1_1"

4. 运行程序

打开 IDLE，在 IDLE 命令行界面中输入对应的代码。依次选择"Run"→"Run..."命令，在打开的界面中选择待运行的 1_1.py 文件。PyCharm 方式运行结果如图 1-32 所示。其中第一行的前半部分显示 Python 的完整安装路径，后半部分显示 1_1.py 文件的完整保存路径；第二行与第三行显示程序的运行结果；最后一行显示所运行程序的退出代码。

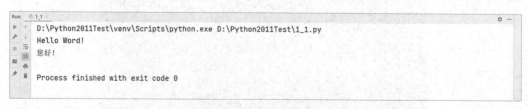

图 1-32　PyCharm 方式运行结果

1.5 本章小结

本章首先阐述了 Python 的发展历史、自身的特点、具体应用场景等内容，让读者对 Python 有了初步的了解；其次重点讲解了 Python 在 Windows 64 位系统中的安装；然后指导读者逐步完成常用集成开发环境的安装；最后通过入门的"Hello World！"程序演示程序的编写与运行。

习题

1.（简答）Python 的主要特点有哪些？

2.（简答）Python 的运行方式有哪些？

3.（简答）安装 Python 的主要步骤有哪些？

4.（编程）编写"人生苦短，我用 Python！"程序。

第 2 章　数据结构

本章介绍一个新概念——数据结构。数据结构是以某种方式（如通过编号）组合起来的数据元素（如数值、序列、元组、字符等）集合。在 Python 中，容器是一种可包含其他对象的对象。序列（如列表和元组）和映射（如字典）是两种主要的容器。在序列中，每个元素都有编号；而在映射中，每个元素都有名称（又名"键"）。有一种容器既不是序列，也不是映射，被称为"集合"。

本章首先介绍 Python 数据结构中常见的数据类型，主要包括整数类型、浮点数类型和复数类型；然后介绍 Python 数据结构中序列的操作，包括列表、元组及字符串的操作；最后介绍 Python 中另外两种非常重要的数据结构——字典和集合。

2.1　数据类型

2.1.1　整数类型（int）

整数类型即整型，包括十进制整型、八进制整型、十六进制整型和二进制整型。

（1）十进制整型。例如，99、-217。

（2）二进制整型。由 0、1 组成，进位规则是"逢二进一"，以 0b 开头，例如，0b1010。

（3）八进制整型。由 0～7 的整数组成，进位规则是"逢八进一"，以 0o 开头，例如，0o123。

（4）十六进制整型。由 0～9 的整数，以及 A～F 组成，进位规则是"逢十六进一"，以 0x 或 0X 开头，例如，0x9a。

各进制间的数据可相互转换，例如，十进制中的 9 采用各个进制进行数据表示如表 2-1 所示。

表 2-1　十进制中的 9 采用各个进制进行数据表示

数 据 表 示	进　制
9	十进制
0b1001	二进制
0o11	八进制
0x09	十六进制

2.1.2 浮点数类型（float）

浮点数类型即浮点型，只能以十进制形式表示。浮点型是带小数的数据类型，由整数部分和小数部分组成，主要用于处理包含小数的数据。

对于浮点型，需要注意以下几点。

（1）带有小数点及小数。

（2）取值范围和小数精度均存在限制，但常规计算可忽略。

（3）取值范围数量级约为$-10^{307}\sim10^{308}$，精度数量级为10^{-16}。

浮点型数据表示示例如表 2-2 所示。

表 2-2 浮点型数据表示示例

数 据 表 示	说 明
4.	十进制形式表示，相当于 4.0
.5	十进制形式表示，相当于 0.5
−2.7315e2	科学记数法表示，相当于-2.7315×10^2

2.1.3 复数类型（complex）

Python 中的复数类型与数学中的复数的概念一致，例如，z = 1.23+9j。

复数类型有以下 3 个特点。

（1）复数类型由实部和虚部构成，一般形式为 real+imag*1j。

（2）实部的 real 和虚部的 imag 都是浮点数。

（3）虚部必须有后缀 j 或 J。

Python 中有两种创建复数的方式。

（1）直接创建。

例如：

```
>>>num_one = 3 + 2j
```

（2）通过内置函数创建。

例如：

```
>>>num_two = complex(3, 2)
```

2.2 序列

2.2.1 序列的概念

序列（sequence）是程序设计中常用的数据存储方式，作为基本的数据结构，是按照一定顺序存放多个值的连续内存空间。Python 中的序列包括字符串（str）、列表（list）、元组（tuple）3 种类型。

序列是一维元素向量，元素类型可以不同，元素之间由序号引导。用户可以通过下标访问序列中的特定元素。在需要处理一系列值时，序列很有用。在数据库中，用户可以使用序列来表示人员信息，其中第一个元素为姓名，第二个元素为年龄。如果使用列表来表示，则所有元素都需要放在中括号"[]"内，并使用逗号","分隔。

例如：

```
>>> edward = ['Edward Gumby', 42]
```

序列中还可包含其他序列，因此可创建一个由数据库中所有人员组成的列表。

例如：

```
>>> edward = ['Edward Gumby', 42]
>>>john=['John Smith',50]
>>> database= [edward,john]
>>>database
[['Edward Gumby',42],['John Smith',50]]
```

序列中的元素是指序列中的值（value）。序号即索引（index），指明元素的位置。

2.2.2 序列的操作

有几种操作适用于所有序列，包括索引、切片、相加、相乘。另外，Python 还提供了一些内置函数，可用于确定序列的长度，以及找出序列中元素的最大值和最小值。

1. 序列的索引

序列中的每个元素都有一个编号，被称为"索引"。正数索引的索引下标是从 0 开始递增的。索引下标为 0，表示第一个元素，索引下标为 1，表示第二个元素，以此类推，如表 2-3 所示。

表 2-3　正数索引

元素	元素 1	元素 2	元素 3	元素 4	元素…	元素 n-1	元素 n
索引下标	0	1	2	3	…	n-2	n-1

Python 的索引下标可以是负数。当用户使用负数索引时，Python 将从右（即从最后一个元素）开始向左数，因此索引下标为-1，表示最后一个元素，如表 2-4 所示。

表 2-4　负数索引

元素	元素 1	元素 2	元素 3	元素 4	元素…	元素 n-1	元素 n
索引下标	-n	-(n-1)	-(n-2)	-(n-3)	…	-2	-1

在序列中，用户可通过索引访问或者获取元素。

例如：

```
>>>greeting = 'Hello'
>>>print(greeting[0])
'H'
```

2. 序列的切片

除使用索引来访问单个元素外，还可使用切片（slicing）来访问特定范围内的元素。为此，可使用两个索引，并使用冒号“:”分隔，语法格式如下：

```
seqname[start : end : step]
```

- seqname 参数：表示序列名。
- start 参数：表示切片开始的位置（包括该位置），默认值为 0。
- end 参数：表示切片截止的位置（不包括该位置），默认值为序列的长度。
- step 参数：表示切片的步长，默认值为 1。当省略步长时，最后一个冒号也可省略。

例如：

```
>>>numbers = [1, 2, 3, 4, 5, 6, 7, 8, 9, 10]
>>>numbers[3:6]
[4, 5, 6]
>>>numbers[0:1]
[1]
```

简而言之，用户可以通过两个索引来指定切片的边界。其中第一个索引指定的元素包含在切片内，第二个索引指定的元素不包含在切片内。

3. 序列的相加

可使用加法运算符“+”来实现序列的相加。

例如：

```
>>>[1, 2, 3] + [4, 5, 6]
[1, 2, 3, 4, 5, 6]
```

例如：

```
>>>'Hello,' + 'world!'
'Hello, world!'
```

需要注意的是，不同数据结构的序列一般不能相加。

例如：

```
>>>[1, 2, 3] + 'world!'
Traceback (innermost last):
  File "<pyshell>", line 1, in ?
  [1, 2, 3] + 'world!'
TypeError: can only concatenate list (not "string") to list
```

根据错误消息可知，列表和字符串不能相加，虽然它们都是序列。

4. 序列的相乘

在将序列与某一具体数值 *x* 相乘时，将重复这个序列 *x* 次来创建一个新序列。

例如：

```
>>>'python' * 5
'pythonpythonpythonpythonpython'
```

例如：

```
>>>[42] * 10
[42, 42, 42, 42, 42, 42, 42, 42, 42, 42]
```

5. 序列的操作函数

对序列进行基础操作的函数有 3 种，如表 2-5 所示。

表 2-5　序列的基础操作函数

函　　数	说　　明
len(seq)	返回序列的长度，即元素的个数
min(seq)	返回序列中元素的最小值
max(seq)	返回序列中元素的最大值

2.2.3　列表

列表是 Python 中通用的序列类数据结构之一。列表是一个没有固定长度的，用来表示任意类型的对象所处位置的有序集合。

列表是 Python 中内置的、可变的有序序列。在形式上，列表中的所有元素都放在一对中括号"[]"中，两个相邻元素之间使用逗号","分隔。在内容上，可以将整数、实数、字符串、列表、元组等各种结构的数据放入列表。如果列表中只有一对中括号而没有任何元素，则表示该列表为空列表。

例如：

```
>>>[10, 20, 30, 40]                        #列表中的所有元素都是整数
>>>['crunchy frog', 'ram bladder', 'lark vomit']  #列表中的所有元素都是字符串
>>>['spam', 2.0, 5, [10, 20]]              #列表中包含实数、整数、字符串
```

1. 列表的基本操作

序列的基本操作也适用于列表，但列表的不同在于其具有可修改的特点。本节将介绍一些列表的基本操作，包括列表的创建，列表中元素的访问、修改、添加与删除，以及列表的乘法；最后介绍列表的操作方法（注意，并非所有列表的操作方法都会修改列表）。

1）列表的创建

（1）创建实体列表。创建列表时，可以使用赋值运算符"="直接为一个列表赋值，语法格式如下：

listname=[元素 1,元素 2,元素 3,…, 元素 n]

例如：

```
>>>a_list = ['a','b',1,4+5j,1,7,'Python']
>>>b_list = [1,2,3,4,5,6,7,8,9]
```

注意：列表名需要符合变量名的定义规则，定义形式是中括号"[]"，使用逗号","分隔元素。

（2）创建空列表。创建一个名为"emptylist"的空列表，语法格式如下：

emptylist = []

例如：

```
>>>a_list = []
>>>b_list = []
```

注意：空列表只具有占位的作用，以后在变量的作用域中会用到。

2）列表中元素的访问

使用索引（指定下标）来访问列表中的元素，也可以使用中括号"[]"截取字符。

（1）访问单个列表元素，语法格式如下：

obj = listname[index]

例如：

```
>>>a_list=['a','b','c',3,'python']
>>>print(a_list[2])
c
>>>print(a_list[4])
python
```

（2）截取多个列表元素，生成新列表，语法格式如下：

objlist = listname[start:end]

例如：

```
>>>a_list=['a','b','c',3,'python']
>>>print(a_list[2:4])
['c',3]
```

3）列表中元素的修改

修改列表中的元素需要先通过索引（指定下标）获取该元素，再为其重新赋值。语法格式如下：

```
listname[index]=元素值
```

例如：

```
>>>a_list=['a','b','c',3,'python']
>>>a_list[2]= 'd'
>>>a_list[4]='World'
>>>print(a_list)
['a','b','d',3,'World']
```

4）列表中元素的添加

（1）直接使用列表相加的方式，将列表名直接相加，语法格式如下：

```
listname=list1+list2
```

例如：

```
>>>list1 = ['a','b']
>>>list2 = ['c','d']
>>>a_list = list1 + list2
>>>b_list = list2 + list1
>>>print("a_list 为",a_list)
a_list 为  ['a', 'b', 'c', 'd']
>>>print("b_list 为",b_list)
b_list 为  ['c', 'd', 'a', 'b']
```

（2）使用 append()方法，在列表末尾添加新的元素，语法格式如下：

```
listname.append(obj)
```

例如：

```
>>>list1 = ['a','b']
>>>list1.append('c')
>>>list1.append('d')
>>>print(list1)
['a', 'b', 'c', 'd']
```

（3）使用 extend()方法，在列表末尾添加一个序列，将这个序列中的元素逐个添加到列表中，语法格式如下：

```
listname.extend(seq)
```

例如：

```
>>>list1 = ['a','b']
>>>list1.extend(['c','d'])
>>>print(list1)
['a', 'b', 'c', 'd']
>>>list2=[2,3,4,9,0]
>>>listText = ['new','content']
>>>list2.extend(listText)
```

```
>>>print(list2)
[2, 3, 4, 9, 0, 'new', 'content']
```

（4）使用 insert()方法，将指定元素或序列添加到列表的指定位置，语法格式如下：

```
listname.insert(index,obj)
```

例如：

```
>>>list1 = ['a','b']
>>>list1.insert(1,'new')
>>>print(list1)
['a', 'new', 'b']
>>>list1.insert(1,'content')
>>>print(list1)
['a', 'content', 'new', 'b']
>>>list1.insert(4,'end')
>>>print(list1)
['a', 'content', 'new', 'b', 'end']
```

5）列表中元素的删除

（1）使用 del 语句，根据索引下标删除指定的元素，语法格式如下：

```
del listname[index]
```

例如：

```
>>>list1 = ['a','b']
>>>del list1[1]
>>>print(list1)
['a']
```

del 语句还可用于删除整个列表，语法格式如下：

```
del listname
```

例如：

```
>>>list1 = ['a','b']
>>>del list1
>>>print(list1)
Traceback (most recent call last):
    File "<pyshell#16>", line 1, in <module>
        print(list1)
NameError: name 'list1' is not defined
```

因为使用 del 语句，删除了整个列表，无法再次使用。所以输出函数 print()在输出列表名时，系统提示出错。

（2）使用 pop()方法，删除列表中的一个元素并且返回该元素的值，语法格式如下：

```
listname.pop(index)
```

例如：

```
>>>list1 = ['at','bt','ct','dt']
>>>hpop = list1.pop(2)
>>>print(list1)
['at', 'bt', 'dt']
>>>print(hpop)
ct
```

注意：使用 pop(2)方法，表示将列表中索引下标为 2 的 ct 从列表中删除，并将 ct 赋值给变量 hpop。index 为可选参数，表示列表中待删除元素的索引下标，不能超过列表的总长度，默认值为-1，即删除列表中的最后一个元素。该方法返回从列表中删除的元素的具体值。

（3）使用 remove()方法，根据元素值删除元素，语法格式如下：

```
listname.remove(obj)
```

例如：

```
>>>list1 = ['at','bt','at','ct','dt']
>>>list1.remove('at')
>>>print(list1)
['bt', 'at', 'ct', 'dt']
>>>list1.remove('at')
>>>print(list1)
['bt', 'ct', 'dt']
```

注意：第一次使用 remove('at')方法时，会根据元素 at 从头开始搜索列表，在搜索到索引下标为 0 的 at 时，将其删除，执行完成。继续使用 remove('at')方法，会根据元素 at 将列表中索引下标为 2 的 at 删除。

（4）使用 clear()方法，可以清空列表，类似于 del a[:]语句，语法格式如下：

```
listname.clear()
```

例如：

```
>>>list1 = ['at','bt','at','ct','dt']
>>>list1.clear()
>>>print(list1)
[]
```

以上代码使用 clear()方法，删除 list1 中的所有元素，list1 变成了空列表。

6）列表的相乘

又被称为"列表的重复"，操作符为"*"，作用是对列表中的所有元素指定重复的次数。使用"*"，需要创建一个新的列表，用于保存乘法计算的结果，结果按照原来列表的顺序排列。

例如：

```
>>>a_list=['a','b','c']
>>>b_list=a_list*3
>>>print(b_list)
['a','b','c','a','b','c','a','b','c']
```

2．列表的操作方法

方法是与对象（列表、元组、字符串等）联系紧密的函数。通常，调用方法的语法格式如下：

```
object.method(arguments)
```

方法调用与函数调用类似，只需要在方法名前面加上对象和句号 "."。列表包含多个可用来查看或修改其内容的方法。

常见的列表操作方法如表 2-6 所示。

表 2-6　常见的列表操作方法

方　　　法	说　　　明
ncount=a_list.count(obj)	统计某元素在列表中出现的次数
nindex=a_list.index(obj)	在列表中找到某元素第一次出现的位置
a_list.reverse()	将列表中的元素反向存储
b_list = a_list.copy()	复制列表中的元素
a_list.sort()	对列表中的元素进行排序
a_list.append(obj)	在列表末尾添加新的元素
a_list.extend(seq)	在列表的末尾依次添加 seq 中的多个元素
a_list.insert(index,obj)	在列表中插入元素
objpop=a_list.pop(index)	根据索引下标删除列表中的元素，并返回该元素的值
a_list.remove(obj)	用于删除列表中某个元素的第一个匹配项

2.2.4　元组

元组是 Python 中另外一种内置的存储有序数据的结构。

元组是不可变的有序序列。在形式上，元组中的所有元素都放在小括号 "()" 内。两个相邻元素之间使用逗号 "," 分隔；如果只有一个元素，则需要在括号内的元素后面添加 ","。在内容上，可以将整数、实数、字符串、列表、元组等任何结构的数据放入元组。

列表与元组的区别如下。

（1）列表属于可变序列，其中的元素可以随时修改或者删除；元组属于不可变序列，其中的元素不可以修改，除非整体替换。

（2）列表可以使用 append()方法、extend()方法、insert()方法添加元素，也可以使用

pop()方法、remove()方法、clear()方法删除元素；而元组具有不可变的特性，没有定义这几种方法。

（3）列表可以使用切片访问和修改列表中的元素；元组也支持切片，但是它只支持通过切片访问元组中的元素，不支持修改元素。

（4）元组的访问和处理速度比列表的访问和处理速度快。所以如果只想对其中的元素进行访问，而不进行任何修改，则建议使用元组。

（5）列表不能作为字典的键，而元组可以（字典将在本书 2.3 节详细介绍）。

通常，使用列表足以满足对序列的操作要求。

1．元组的创建

（1）直接创建。使用赋值运算符"="直接创建元组，语法格式如下：

```
tuplename=(元素 1,元素 2,…,元素 n)
```

tuplename 表示元组名，是需要符合 Python 命名规则的标识符。创建只有一个元素的元组，需要在元素后面添加逗号","。

例如：

```
tupletest=(1,)
```

（2）创建空元组。空元组用于为函数传递一个空值或者返回空值，语法格式如下：

```
tuplename=()
```

2．元组的访问

元组的访问可通过索引（指定下标）来实现，与列表的访问类似，语法格式如下：

```
objname=tuplename[index]
```

例如：

```
>>>tup1 = ('a','b',1998,2020)
>>>temp = tup1[0]
>>> print(temp)
a
```

读取索引下标为 0 的元素，并将其赋值给变量 temp，执行完这两条语句后，temp 的值为 a，tup1 的值为('a','b',1998,2020)。

注意：读取时需要使用中括号"[]"来指定索引下标。

3．元组的相加

元组的相加与列表的相加方法一致，但需要新建一个元组，用于存储相加后的元组，语法格式如下：

```
objname=tuplename[index]
```

例如：

```
>>>tup1 = ('a','b',1998,2020)
>>>tup2 = ('tt',1)
>>>tup3 = tup1 + tup2
>>>print(tup3)
('a', 'b', 1998, 2020, 'tt', 1)
```

这里新建了一个 tup3，存储 tup1 和 tup2 相加的结果，tup1 和 tup2 不变。

4. 元组的删除

元组中的元素不可以单独删除，但可以使用 del 语句将元组整体删除，语法格式如下：

```
del tuplename
```

例如：

```
>>>tup1 = ('a','b',1998,2020)
>>>del tup1
>>>print(tup1)
Traceback (most recent call last):
    File "<pyshell#19>", line 1, in <module>
        print(tup1)
NameError: name 'tup1' is not defined
```

元组的操作并不复杂，除创建和访问其元素外，可以对元组执行的操作并不多。另外，元组有很多操作与列表的操作相似。

2.2.5　字符串

字符串属于序列。生活中典型的字符串有字母、单词、短语、句子、姓名、住址、门牌号等。字符串几乎存在于所有的 Python 程序中，主要用途是存储和显示文本的信息。

1. 字符串编码

1）ASCII

最早的字符串编码是美国信息交换标准代码 ASCII，仅对 10 个数字、26 个大写英文字母、26 个小写英文字母及其他一些符号进行了编码。ASCII 使用 1 个字节对字符进行编码，最多表示 256 个符号。

2）GB2312

GB2312 是我国制定的中文编码，使用 1 个字节表示 1 个英文字母，2 个字节表示 1 个汉字；GBK 是 GB2312 的扩充，而 CP936 是微软公司在 GBK 的基础上开发的编码。GB2312、GBK 和 CP936 都使用 2 个字节表示 1 个汉字。

3）UTF-8

UTF-8 对世界上所有国家需要用到的字符进行了编码，以 1 个字节表示 1 个英文字母（兼容 ASCII），以 3 个字节表示 1 个汉字，还有一些语言的符号使用 2 个字节（如 1 个俄语符号、1 个希腊语符号）或者 4 个字节来表示。

Python 3.x 完全支持中文字符，默认使用 UTF-8 编码格式。无论是 1 个数字、1 个英文字母还是 1 个汉字，在统计字符串长度时都按 1 个字符来对待。

Python 支持使用单引号、双引号和三引号定义字符串。其中单引号和双引号常用于定义单行字符串；三引号常用于定义多行字符串。字符串以哪种引号开始，就必须以哪种引号结束。

2. 字符串的基本操作

前文介绍的所有标准序列操作（索引、切片、相加、相乘、计算长度、计算最小值和计算最大值）都适用于字符串，但需要注意的是，字符串是不可变的，因此所有的元素赋值和切片赋值对字符串而言都是非法的。

例如：

```
>>> website = 'http://www.python.org'
>>> website[-3:] = 'com'
Traceback (most recent call last):
  File "<pyshell#19>", line 1, in ?
  website[-3:] = 'com'
TypeError: object doesn't support slice assignment
```

结果会提示错误，即字符串的元素赋值是非法的。

1）字符串的索引

Python 中的字符串有两种索引方式，第一种是从左向右，从 0 开始依次增加；第二种是从右向左，从-1 开始依次减少。

例如：

```
>>>word='hello'
>>>print(word[0],word[4])
h  o
```

2）字符串的切片

通过对字符串进行切片操作，获取子串。用冒号 ":" 分隔两个索引，语法格式如下：

```
变量[头下标:尾下标]
```

截取的范围是左闭右开的，并且两个索引都可以省略。

例如：

```
>>>word='Pythoniseasy'
```

```
>>>word[6:8]
'is'
```

3）字符串的相加与相乘

使用加法运算符"+"将字符串相加在一起，使用乘法运算符"*"实现字符串的相乘。

例如：

```
print("str"+"ing",'my'*3)
string mymymy
```

3. 字符串的格式化操作

将某种结构的数据转换为字符串并设置其格式是一项重要的操作，需要考虑众多不同的需求。随着时间的推移，Python 提供了多种字符串格式的设置方法。在格式化字符串时，需要一个格式化内容的字符串作为模板，为真实字符预留位置，并说明真实数据应该呈现的格式。

（1）使用%方法进行格式化，语法格式如下：

```
'%[-][+][0][m][.n]格式化字符串'%exp
```

- -参数：可选参数，表示左对齐，正数前方无符号，负数前方加负号。
- +参数：可选参数，表示右对齐，正数前方无符号，负数前方加负号。
- 0 参数：可选参数，表示右对齐，正数前方无符号，负数前方加负号，用 0 填充空白处（一般与 m 参数一起使用）。
- m 参数：可选参数，表示占用的宽度。
- n 参数：可选参数，表示小数点后保留的位数。
- exp 参数：表示要转换的项。如果想要指定多个项，则需通过元组来指定，不能通过列表来指定。

在实际情况中，如果想要输出某种结构的数据、格式化字符串等，则需要对输出内容进行格式化处理。常用的格式化字符如表 2-7 所示。

表 2-7 常用的格式化字符

格式化字符	说　　明	格式化字符	说　　明
%d	整数（十进制数）	%u	无符号
%s	字符串（对象）	%i	整数
%f 或%F	浮点数	%o	八进制数
%c	字符	%x 或%X	十六进制数
%%	常量	%e 或%E	指数

在格式化字符串时，需要先制定一个模板，在该模板中预留几个位置，然后根据需要填写相应的内容。

例如：

```
>>> x = 1235.56784
>>> "%.2f" % x
"1235.56"
:>>> "%d" % x
"1235"
>>> '%s'%[1, 2, 3]          #直接把对象转换成字符串
'[1, 2, 3]'
```

（2）使用 format()方法进行格式化，并提供要设置格式的值，语法格式如下：

```
{[index][:[[fill]align][sign][#][width][.precision][type]]}
```

- index 参数：可选参数，用于指定对象在参数列表中的索引位置，从 0 开始。如果省略，则根据值的先后顺序自动分配。

- fill 参数：可选参数，用于指定空白处填充的字符。

- align 参数：可选参数，用于指定对齐方式（"<"表示左对齐；">"表示右对齐；"="表示右对齐，符号放在最左侧，且只对数字生效；"Λ"表示内容居中)，与 width 参数一起使用。

- sign 参数：可选参数，用于指定值有无符号（"+"表示正数加正号，负数加负号；"-"表示正数不变，负数加负号；空格表示正数加空格，负数加负号)。

- #参数：可选参数，对于二进制数、八进制数和十六进制数，如果加上此参数，则表示会分别显示 0b、0o、0x 前缀，否则不显示。

- width 参数：可选参数，用于指定占用的宽度。

- precision 参数：可选参数，用于指定保留的小数位数。

- type 参数：可选参数，用于指定类型。

例如：

```
>>> 1/3
0.333   3333333333333
>>> print('{0:.3f}'.format(1/3))          #保留 3 位小数
0.333
>>> '{0:%}'.format(3.5)                    #格式化为百分数
'350.000000%'
>>> '{0:_},{0:_x}'.format(1000000)         #Python 3.6.0 及更高版本支持
'1_000_000,f_4240'
>>> '{0:_},{0:_x}'.format(10000000)        #Python 3.6.0 及更高版本支持
'10_000_000,98_9680'
>>> print("The number {0:,} in hex is: {0:#x}, the number {1} in oct is {1:#o}".format(5555,55))
The number 5,555 in hex is: 0x15b3, the number 55 in oct is 0o67
```

4. 字符串的操作方法

前面介绍了列表的操作方法,而字符串的操作方法要多得多,其中很多方法是从 string 模块中"继承"而来的。常用的字符串操作方法如表 2-8 所示。

表 2-8　常用的字符串操作方法

方　　法	说　　明
seq.index(sub,[start,end])	返回 sub 子串在 seq 字符串中首次出现的位置,如果不存在则抛出异常
seq.find(sub,[start,end])	与 index()方法一致,如果不存在则抛出异常
seq.count(sub,[start,end])	返回 sub 子串在 seq 字符串中出现的次数
seq.split()	使用分隔符将 seq 字符串分开,默认分隔符是空格,并返回包含分隔结果的列表
seq.jion()	该方法是 split()方法的逆方法,用来将 seq 字符串连接起来
seq.lower()	将 seq 字符串中的大写字母变成小写字母,返回小写字符串
seq.upper()	将 seq 字符串中的小写字母变成大写字母,返回大写字符串
seq.replace(old,new,[,count])	将 seq 字符串中的 old 子串替换为 new 子串,count 指定替换多少个子串
seq.strip()	删除 seq 字符串中的空白字符串
seq.center(num)	返回指定宽度的新字符串,原字符串居中出现在新字符串中。如果指定的宽度大于字符串的长度,则使用指定的字符(默认为空格)进行填充

除以上常用方法外,序列中常用的计算最大值、最小值及长度的函数依然可以应用于字符串中。另外,在内置函数中,in()函数在字符串的操作中也经常被使用。

in()函数用于判断字符是否存在于字符串中,返回布尔值 True 或者 Flase。

例如:

```
>>> "a" in "abcde"     #判断字符是否存在于字符串中
True
```

2.3　字典

2.3.1　字典的概念

在 Python 的数据结构中,除序列外,还有一类非常重要的数据结构——字典(dict),又被称为"映射"(map)。

字典这一类数据结构是 Python 中唯一内建的映射类型。与序列最大的不同是字典中的每一个元素都有键(key)和值(value)两个属性,可以通过键查找对应的值。

字典中每一个键值对的键和值使用冒号":"分隔,键值对之间使用逗号","分隔,整个字典包括在大括号"{}"中,语法格式如下:

```
d={key1:value1,key2:value2}
```

字典包括如下特性。

（1）字典的值可以是任意的数据结构，甚至可以是字典本身。

（2）字典的键是不可变的，因此只能用数字、字符串、元组作为键。

（3）字典的键必须是唯一的，同一个键不允许重复出现。如果同一个键被赋值两次，则后面的值将覆盖前面的值。

（4）字典的键值对没有顺序，书写的顺序不影响字典的使用。

【例 2-1】根据学生的姓名查找对应的成绩。

解析：本例使用列表来实现，需要 names 和 scores 两个列表，并且两个列表中元素的顺序一一对应。

例如：

```
Names=['zhou','Bob','Tracy']
Scores=[95,75,8]
```

通过姓名查找对应的成绩，先遍历 names 列表，找到指定的姓名，再遍历 scores 列表，找到对应的成绩。查找时间随着列表长度的增加而增加。

使用字典实现上面的例子，只需创建"姓名"和"成绩"的键值对，即可直接通过姓名字查找成绩，实现代码如下：

```
>>>d={'zhou':95,'Bob':75,'Tracy':85}
>>>d['zhou']
95
```

2.3.2　字典的操作

1. 字典的创建

（1）直接创建，使用赋值运算符"="将一个字典赋值给一个变量，即可创建一个字典变量，语法格式如下：

```
name_dict = {key1:value1,key2:value2,…}
```

例如：

```
a_dict = {'tom':89,'lucy':78,'李涛':14,'chen':45}
```

创建字典时，字典名要符合变量的命名原则；直接创建字典时使用大括号"{}"进行界定。

（2）使用 dict()方法以不同形式创建字典，主要包括以下几种形式（直接举例给出）。

```
>>> x = dict()                        #空字典
>>> type(x)                           #查看对象的类型
<class 'dict'>
>>> x = {}                            #空字典
>>> keys = ['a', 'b', 'c', 'd']
```

```
>>> values = [1, 2, 3, 4]
>>> dictionary = dict(zip(keys, values))          #根据已有数据创建字典
>>> d = dict(name='Dong', age=39)                 #以关键参数的形式创建字典
>>> aDict = dict.fromkeys(['name', 'age', 'sex']) #以给定内容为键，创建值为空的字典
>>> aDict
{'age': None, 'name': None, 'sex': None}
```

2. 字典中元素的访问

字典中的每一个键值对都表示一种映射关系或对应关系。将提供的键作为下标，可以访问对应的值。如果字典中不存在这个键，则会抛出异常。

访问字典中的元素，语法格式如下：

```
value = name_dict[key]
```

- name_dict 参数：表示字典名。

- value 参数：表示与键对应的值。

例如：

```
>>> aDict = {'age': 39, 'score': [98, 97], 'name': 'Dong', 'sex': 'male'}
>>> aDict['age']                   #指定的键存在，返回对应的值
39
>>> aDict['address']               #指定的键不存在，抛出异常
KeyError: 'address'
```

另外，字典中提供了 get()方法，用来返回与指定键对应的值，并且允许在指定键不存在时返回特定的值。

例如：

```
>>> aDict.get('age')                    #如果字典中存在该键，则返回对应的值
39
>>> aDict.get('address', 'Not Exists.') #如果字典中不存在该键，则返回特定的值
'Not Exists.'
```

使用 items()方法可以返回字典中的键值对。

使用 keys()方法可以返回字典中的键。

使用 values()方法可以返回字典中的值。

3. 字典中元素的添加和修改

当以指定键为下标对字典中的元素赋值时，有以下两种含义。

（1）如果该键存在，则表示修改与该键对应的值。

（2）如果该键不存在，则表示添加一个新的键值对，亦即添加一个新元素。

例如：

```
>>> aDict = {'age': 35, 'name': 'Dong', 'sex': 'male'}
>>> aDict['age'] = 39                          #修改与键对应的值
>>> aDict
{'age': 39, 'name': 'Dong', 'sex': 'male'}
>>> aDict['address'] = 'SDIBT'                  #添加新的键值对
>>> aDict
{'age': 39, 'address': 'SDIBT', 'name': 'Dong', 'sex': 'male'}
```

使用 update()方法，可以把一个字典的键值对合并到另一个字典中，覆盖相同的键值对。

例如：

```
>>>tel={'gree':4127,'mark':4127,'jack':4098}
>>>tell={'gree':5127,'pang':6008}
>>>tel.update(tell)
>>>tel
{'gree':5127,'pang':6008,'mark':4127,'jack':4098}
```

4. 字典中元素的删除

（1）使用 del()函数，删除字典或删除字典中指定的键值对，语法格式如下：

```
del name_dict              #将字典整体删除
del name_dict[key]         #根据键，将字典中与该键对应的键值对一起删除
```

例如：

```
>>>dict={'zhou':95,'Bob':75,'Tracy':85}
>>>del dict['zhou']
>>>print(dict)
{'Bob':75,'Tracy':85}
```

（2）使用 clear()方法，删除字典中的所有元素，即删除所有键值对，语法格式如下：

```
name_dict.clear()
```

例如：

```
>>>dict={'zhou':95,'Bob':75,'Tracy':85}
>>>dict.clear()
>>>dict
{}
```

（3）使用 pop()方法，返回与键对应的值，并删除该键值对，语法格式如下：

```
value= name_dict.pop(key)
```

例如：

```
>>>dict={'zhou':95,'Bob':75,'Tracy':85}
>>>clict.pop('zhou')
95
```

```
>>>print(dict)
{'Bob':75,"Tracy':85}
```

2.4 集合

2.4.1 集合的概念

集合（set）属于 Python 中的无序、可变序列，使用大括号"{}"作为定界符。同一个集合内的每一个元素都是唯一的。元素之间不允许重复，使用逗号","分隔。

集合中只能包含数字、字符串、元组等不可变结构（或者说可哈希）的数据，而不能包含列表、字典、集合等可变结构的数据。

2.4.2 集合的操作

1. 集合的创建

（1）直接将集合赋值给变量即可创建一个集合对象。

例如：

```
>>> a = {3, 5}                          #创建集合对象
```

（2）使用 set()函数可以将列表、元组、字符串等其他可迭代对象转换为集合。如果原来的数据中存在重复元素，则在转换为集合时只保留一个元素；如果原序列或迭代对象中有可变的值无法转换为集合，则抛出异常。

例如：

```
>>> a_set = set(range(8, 14))           #将 range 对象转换为集合
>>> a_set
{8, 9, 10, 11, 12, 13}
>>> b_set = set([0, 1, 2, 3, 0, 1, 2, 3, 7, 8])   #转换时自动去掉重复元素
>>> b_set
{0, 1, 2, 3, 7, 8}
>>> x = set()                           #空集合
```

2. 集合中元素的访问

集合本身是无序的，无法进行索引和切片操作，只能使用 in 语句、not in 语句或者循环遍历语句来访问集合中的元素。

in 语句用于判断元素是否存在于集合中，如果存在则返回 True，如果不存在则返回 False，语法格式如下：

```
x in s
```

- x 参数：表示需要判断是否存在于集合中的元素。

- s 参数：表示集合。

例如：

```
>>>a=set(('c++','java','python'))
>>>'php' in a
False
>>>'python' in a
True
```

3. 集合中元素的添加

（1）使用 add()方法可以添加新元素，如果该元素已存在，则忽略此项操作，不会抛出异常。

例如：

```
>>> s = {1, 2, 3}
>>> s.add(3)                    #添加新元素，并自动忽略重复的元素
>>> s
{1, 2, 3}
```

（2）使用 update()方法可以合并另外一个集合中的元素到当前集合中，并自动忽略重复的元素。

例如：

```
>>> s.update({3,4})        #合并另外一个集合中的元素到当前集合中，并自动忽略重复的元素
>>> s
{1, 2, 3, 4}
```

4. 集合中元素的删除

（1）使用 pop()方法可以随机删除并返回集合中的一个元素，如果集合为空，则抛出异常。

例如：

```
>>>s=set([1, 2, 3,4])
>>> s.pop()                     #删除并返回集合中的一个元素
1
>>> s
{2,3,4}
```

（2）使用 remove()方法可以删除集合中的元素，如果指定元素不存在则抛出异常。

例如：

```
>>>s=set([1, 2, 3,4])
>>> s.remove(5)                 #删除集合中的元素，如果不存在则抛出异常
KeyError: 5
```

（3）使用 discard()方法可以从集合中删除一个特定的元素，如果元素不存在，则忽略此项操作。

例如：

```
>>>s=set([1, 2, 3,4])
>>> s.discard(5)                    #从集合中删除特定的元素，如果不存在，则忽略此项操作
>>> s
{1, 2, 3, 4}
```

（4）使用 clear()方法可以清空集合，即删除集合中的所有元素。

例如：

```
>>>s=set([1, 2, 3,4])
>>> s.clear()
>>> s
set()
```

5. 集合的删除

使用 del 语句，可以删除集合。

例如：

```
>>> s=set([1,2,3,4])
>>> del s
>>> s
Traceback (most recent call last):
    File "<pyshell#10>", line 1, in <module>
        s
NameError: name 's' is not defined
```

2.5 数据结构转换

列表、元组和字符串等数据结构之间的转换可通过函数来实现，转换函数如表 2-9 所示。

表 2-9 数据结构转换函数

函　　数	说　　明	举　　例
eval(x)	将字符串当作有效表达式进行计算，并返回计算结果	>>>eval('12+23') 25
tuple(s)	将序列转换为元组	>>>truple([1,2,3]) (1,2,3)
list(s)	将序列转换为列表	>>>list((1,2,3)) [1,2,3]

续表

函　数	说　明	举　例
set(s)	将序列转换为集合	>>>set([1,4,2,4,3,5]) {1,2,3,4,5} >>>set((1:'a',2:'b',3:'c')) {1,2,3}
dict(d)	创建字典	>>>dict([('a',1),('b',2),('c',3)]) {'a':1,'b':2,'c':3}

2.6　本章小结

本章首先介绍了数据结构中的 3 种数据类型，分别为整型，浮点型和复数类型，有利于掌握不同数据类型的使用场景。

然后介绍了基本的数据结构——序列。序列是元素的有序组合，包括字符串、元组和列表 3 种类型。介绍了 3 种序列的创建方式，以及操作方法。元组的操作与序列的操作基本相同。列表的操作在序列的操作基础上，增加了更多的灵活性，是一种十分常见的序列类型。

最后讲解了数据结构中的映射——字典，以及不重复的元素集——集合。字典的重要作用在于表达键值对，并对其进行操作。字典这一数据结构中有一些操作方法和函数，其中，get()方法十分重要，用来返回与指定键对应的值，并且允许在指定键不存在时返回特定的值。在集合中，元素去重这一应用场景非常重要，主要是利用其本身的性质，删除集合中的重复元素。

无论是序列、字典还是集合，主要作用都是对数据进行表达，并且通过相关方法或函数实现对元素的操作。

习题

1.（简答）一个学生的信息包括学号、姓名、年龄、性别、手机号码。如果想保存多个学生的信息，并且希望能够根据姓名对他们进行排序，则适宜使用哪种数据结构？

2.（简答）一个学生的信息包括学号、姓名、年龄、性别、手机号码。如果想保存多个学生的信息，并且希望能够快速查找某一名学生，则适宜使用哪种数据结构？

3.（简答）下列程序的输出结果是什么？

```
a=[1,2,3]
print(a*2)
```

4.（简答）给定 homebody 字符串，如何通过切片操作获取 home 子串？

5.（简答）下列程序的输出结果是什么？

```
d={}
d['susan']=50
d['jim']=45
d['joan']=54
d['susan']=51
d['john']=55
print(len(d))
```

6.（选择）下列仅适用于列表，而不适用于字符串的是（　　）。

A．replace()方法　　B．index()方法　　　　C．find()方法　　　　D．sort()方法

7.（选择）关于元组，下列描述正确的是（　　）。

A．支持运算符"in"

B．插入的新元素放在最后

C．所有元素的数据类型必须相同

D．不支持切片操作

8.（选择）下列不能正确创建一个字典的语句是（　　）。

A．{[1,2]:1,[3,4]:3}

B．{'john':1,'peter':3}

C．{1:'john',3:'peter'}

D．{(1,2):1,(3,4):3}

9.（编程）已知 4 名学生 Jone、Tim、Limei、Han 的成绩分别为 80 分、90 分、92 分、28 分，请编写程序，按照成绩从高到低排序，输出成绩单。

10.（编程）请编写程序，将下列字符串中的小写字母替换为大写字母，输出新的字符串。

"Welcome To Python"

第3章　运算符与表达式

很多逻辑运算都需要使用表达式，如计算面积、质量、速度等都需要使用简单的表达式。表达式可被分解为运算符（又被称为"操作符"）和操作数。运算符表示完成某项操作；操作数表示完成某项操作的对象。例如，矩形面积=长×宽，在Python中可表示为S=a*b，此即一种表达式。其中 a 和 b 表示操作数，*表示乘法运算符。本章主要介绍常用的运算符与表达式。

3.1　变量

计算机语言中变量的概念来源于数学。数学中的变量是指使用拉丁字母表示的，值不确定的数据；而计算机语言中的变量则是指值或存储计算结果的抽象概念。程序在运行过程中用到的数据会被存储在计算机的内存单元中。Python 使用标识符来标识不同的内存单元，从而建立起标识符与数据之间的联系。

3.1.1　标识符

标识符用来表示程序中的各种成分，如变量、常量、函数等对象的名称。矩形面积=长×宽，使用表达式 S=a*b 来表示，其中，S 是矩形面积的标识符；a 是长度的标识符；b 是宽度的标识符。

标识符的命名必须遵循以下规则。

（1）变量名只能包含字母、数字和下画线。变量名可以使用字母或下画线作为开头，但不能使用数字作为开头。例如，可将变量命名为"value_1"，但不能将变量命名为"1_value"。

（2）变量名不能包含空格或标点符号，但可以使用下画线来分隔单词。例如，可将变量命名为"value_apple"，但不可将其命名为"value apple"，否则会引发程序错误。标点符号包括括号、引号、逗号、斜线、反斜线、句号、问号等。

（3）不能将关键字、函数名、模块名、类型名等具有特殊用途的单词作为变量名。在Python 中，可以使用 import keyword 语句来查看关键字。

程序代码如下：

```
>>> import keyword
>>> keyword.kwlist
['False', 'None', 'True', 'and', 'as', 'assert', 'async', 'await',
```

```
'break', 'class', 'continue', 'def', 'del', 'elif', 'else', 'except',
'finally', 'for', 'from', 'global', 'if', 'import', 'in', 'is', 'lambda',
'nonlocal', 'not', 'or', 'pass', 'raise', 'return', 'try', 'while',
'with', 'yield']
```

（4）避免使用容易和其他字符混淆的单个字符作为标识符。例如，小写字母 l 和大写字母 O，可能被误认为数字 1 和 0。

（5）标识符区分大小写。例如，apple 和 Apple 代表不同的变量。

（6）以双下画线开头的标识符具有特殊的意义，是 Python 中的专用标识符。例如，__init__() 是"类"的构造方法。

（7）变量名应既简短又具有描述性，便于阅读程序。

3.1.2　变量的赋值

变量可以存储规定范围内的值，而且值可以更改。变量的命名应符合标识符的命名规则。对 Python 而言，所有变量都是对象。

Python 中的变量不需要特殊说明，可以通过赋值直接创建，具有如下特点。

（1）变量在使用前必须赋值，并在第一次赋值时被创建。使用赋值运算符"="为变量赋值。赋值运算符左侧是变量名，右侧是存储在变量中的值。每个变量都包括唯一 ID、名称和值。一次新的赋值，将创建一个新的变量。即使变量名相同，变量的 ID 也不相同。因此，一个变量可以通过赋值指向不同类型的对象。

【例 3-1】同一变量名赋值不同类型的值，指向不同类型的对象，具有不同的 ID。

程序代码如下：

```
>>> x=1                                    #第一次为变量 x 赋整型数值（整数）
>>> x,type(x),id(x)                         #输出变量 x 的值、数据类型和地址
(1 <class 'int'> 140721868969632)
>>> x=1.0                                   #第二次为变量 x 赋浮点型数值（浮点数）
>>> x,type(x),id(x)                         #输出变量 x 的值、数据类型和地址
(1.0 <class 'float'> 2082995603472)
>>> x='1'                                   #第三次为变量 x 赋字符串类型的数值
>>> x,type(x),id(x)                         #输出变量 x 的值、数据类型和地址
(1 <class 'str'> 2082958193520)
>>> x=[1]                                   #第四次为变量 x 赋列表类型的数值
>>> print(x,type(x),id(x))                  #输出变量 x 的值、数据类型和地址
([1] <class 'list'> 2082957573120)
```

- >>> x=1 参数：表示使用赋值运算符"="进行赋值，创建变量 x，并将整数 1 赋给 x，同时创建 ID。

- >>> x=1.0 参数：表示使用赋值运算符"="将浮点数 1.0 赋给 x，同时创建新的 ID。

在为变量赋值时，值的数据类型决定了变量的数据类型。变量在获取值的同时，也获取了它的数据类型。在多次为变量赋值时，x 的值等于最后一次所赋的值。

例如：

```
>>> x=1
>>> x,type(x),id(x)
(1 <class 'int'> 140721868969632)
>>> x=1.0
>>> x,type(x),id(x)
(1.0 <class 'float'> 2082995603472)
>>> x=[1]
>>> x,type(x),id(x)
([1] <class 'list'> 2082957573120)
>>> y=[2]
>>> x+y
[1, 2]
```

已知 y 的数据类型为列表。由于 x 在经过 3 次赋值后数据类型为列表，因此可与 y 一起进行算术运算。

（2）变量在表达式中将被替换为指定的值。

【例 3-2】变量被替换为指定的值并参与运算。

程序代码如下：

```
>>> x=6
>>> y=x*3
>>> y
18
```

在计算 y 的值时，x 被替换为 6 这一指定的值参与运算。

3.2 运算符

运算符决定了操作对象（操作数或表达式）的行为，不同的对象支持的运算符有所不同。同一运算符作用于不同的对象可能表现出不同的行为。Python 支持算术运算符、赋值运算符、比较（关系）运算符、逻辑运算符、成员运算符、身份运算符、位运算符等。

3.2.1 算术运算符

算术运算符和数学中使用的计算符号大致相同。Python 支持的算术运算符包括"+""-""*""/""//""%""**"，它们都是双目运算符。只要在终端输入由两个操作数和一个算术运算符组成的表达式，Python 解释器就可以解析表达式，也可以将结果输出。

以 x=5，y=2 为例，算术运算符的说明和示例如表 3-1 所示。

表 3-1　算术运算符的说明和示例

运 算 符	名　　称	说　　明	示　　例
+	加	两个操作数相加	x+y，结果为 7
−	减	对操作数的正负取反，或用一个操作数减去另一个操作数	x−y，结果为 3
*	乘	两个操作数相乘	x*y，结果为 10
/	除	两个操作数相除（除数不能为 0）	x/y，结果为 2.5
//	整除	两个操作数相除，返回商的整数部分	x//y，结果为 2
%	取余	两个操作数相除，返回余数	x%y，结果为 1
**	幂	两个操作数进行幂运算	x**y，结果为 25

Python 中的算术运算符既支持相同数据类型的运算，又支持不同数据类型的混合运算。进行混合运算时，Python 会对数据的类型进行临时转换，遵循以下原则。

（1）当整数与浮点数进行混合运算时，将整数转换为浮点数。

（2）当其他类型的数据与复数进行混合运算时，将其他类型的数据转换为复数。

【例 3-3】算术混合运算。

程序代码如下：

```
>>> 2+3.0                          #整数与浮点数相加
5.0
>>> 2+(3+4j)                       #整数与复数相加
(5+4j)
```

3.2.2　赋值运算符

Python 中的基本赋值运算符是"="，其作用是将运算符右侧的操作数或表达式写入运算符左侧。运算符左侧通常是变量，不能是常量。赋值是从右到左的单向过程，运算符右侧的操作数或表达式可以改变左侧变量的值，而左侧的变量对于右侧的操作数或表达式则没有任何影响。

例如，使用赋值运算符将整数 5 赋给 x，程序代码如下：

```
>>> x=5
```

赋值运算符允许同时为多个变量赋值。

例如，使用赋值运算符将整数 2 同时赋给 x、y 和 z；将整数 3、5 和 8 分别赋给 a、b 和 c，程序代码如下：

```
>>> x=y=z=2
>>> a,b,c=3,5,8
```

Python 中的算术运算符可以与赋值运算符组合成复合赋值运算符，同时具备运算和赋值两项功能。

赋值运算符的说明和示例如表 3-2 所示。

表 3-2　赋值运算符的说明和示例

运　算　符	说　　　明	示　　　例
=	将指定的值赋给原变量	x=2
+ =	变量增加指定的值，将结果赋给原变量	x+=2 等价于 x=x+2
− =	变量减去指定的值，将结果赋给原变量	x−=2 等价于 x=x−2
* =	变量乘以指定的值，将结果赋给原变量	x*=2 等价于 x=x*2
/ =	变量除以指定的值，将结果赋给原变量	x/=2 等价于 x=x/2
// =	变量整除指定的值，将结果赋给原变量	x//=2 等价于 x=x//2
% =	变量执行取余运算，将结果赋给原变量	x%=2 等价于 x=x%2
** =	变量执行幂运算，将结果赋给原变量	x**=2 等价于 x=x**2

Python 3.8 及以上版本增加了一个在表达式内部为变量赋值的运算符——海象运算符 ":=",用法如下（示例）：

```
>>> x=2
>>> y=x+(z:=3)
>>> y
5
```

3.2.3　比较运算符

比较运算符又被称为"关系运算符",用于对两个操作对象的大小进行比较。Python 支持的比较运算符包括 "==" "! =" ">" ">=" "<" "<=",比较的结果只能是布尔值,即 True（真）或 False（假）。当操作对象是操作数时,可以是整数、浮点数、复数或字符串。

以 x=5,y=2 为例,比较运算符的说明和示例如表 3-3 所示。

表 3-3　比较运算符的说明和示例

运　算　符	名　　称	说　　　明	示　　　例
= =	相等	比较两个操作数是否相等,如果相等则返回 True,反之则返回 False	x= =y,返回 False
! =	不相等	比较两个操作数是否相等,如果不相等则返回 True,反之则返回 False	x! =y,返回 True
>	大于	比较运算符左侧的操作数是否大于右侧的操作数,如果大于则返回 True,反之则返回 False	x>y,返回 True
>=	大于或等于	比较运算符左侧的操作数是否大于或等于右侧的操作数,如果大于或等于则返回 True,反之则返回 False	x> =y,返回 True
<	小于	比较运算符左侧的操作数是否小于右侧的操作数,如果小于则返回 True,反之则返回 False	x<y,返回 False
<=	小于或等于	比较运算符左侧的操作数是否小于或等于右侧的操作数,如果小于或等于则返回 True,反之则返回 False	x< =y,返回 False

使用比较运算符进行比较时应遵循以下原则。

（1）如果两个操作数是整数、浮点数或复数，则按照值的大小进行比较。需要注意的是，Python 中的"="是赋值运算符，"=="是比较运算符。

【例 3-4】整数比较运算。

程序代码如下：

```
>>> 5>2                              #输出 5>2 的布尔值
True
>>> 5<2                              #输出 5<2 的布尔值
False
```

（2）如果两个操作数是字符串，则按照字符串的 ASCII 码值从左到右逐位进行比较。先比较字符串中的第一位字符，ASCII 码值大的字符大；如果第一位字符相同，则比较第二位字符，以此类推，直到比较到不同的字符，运算结束。

【例 3-5】字符串比较运算。

程序代码如下：

```
>>> ord('A')                         #输出 A 的 ASCII 码值
65
>>> ord('B')                         #输出 B 的 ASCII 码值
66
>>> 'A'<'B'                          #输出 A<B 的布尔值
True
>>> 'A'>'B'                          #输出 A>B 的布尔值
False
>>> 'A'!='B'                         #输出 A!=B 的布尔值
True
>>> 'A'=='B'                         #输出 A==B 的布尔值
False
```

3.2.4　逻辑运算符

逻辑运算符可以按照逻辑关系对多个条件进行连接，使其变成更加复杂的条件。Python 支持的逻辑运算符包括"not""and""or"，其中"not"为单目运算符，"and""or"为双目运算符。

当操作对象的值为布尔值时，逻辑运算符的说明如表 3-4 所示；当操作对象为整数、浮点数或复数时，以 x=5，y=2 为例，逻辑运算符的说明和示例如表 3-5 所示。

表 3-4　逻辑运算符的说明（布尔值）

运　算　符	名　　称	说　　明
not	取反	当操作数为假时，结果为真；否则结果为假

运　算　符	名　　称	说　　明
and	与	当两个操作数同时为真时，结果为真；否则结果为假
or	或	当两个操作数同时为假时，结果为假；否则结果为真

【例 3-6】布尔值的逻辑运算。

程序代码如下：

```
>>> not False
True
>>> not True
False
>>> True and True
True
>>> True and False
False
>>> False and True
False
>>> False and False
False
>>> True or True
True
>>> True or False
True
>>> False or True
True
>>> False or False
False
```

表 3-5　逻辑运算符的说明和示例（整数、浮点数或复数）

运　算　符	逻辑表达式	说　　明	示　　例
and	x and y	如果两个操作数的布尔值均为 True，则结果为 y	x and y 的结果为 2
or	x or y	如果两个操作数的布尔值均为 True，则结果为 x	x or y 的结果为 5

3.2.5　成员运算符

成员运算主要应用于字符串、列表或元组等数据结构中，判断"在"或"不在"的关系。Python 支持的成员运算符包括"in""not in"。

成员运算符的说明和示例如表 3-6 所示。

表3-6 成员运算符的说明和示例

运 算 符	说 明	示 例
in	如果在序列中找到指定的值则返回 True,否则返回 False	x in y,如果 x 在 y 中则返回 True,否则返回 False
not in	如果在序列中不能找到指定的值则返回 True,否则返回 False	x not in y,如果 x 不在 y 中则返回 True,否则返回 False

【例 3-7】成员运算符的使用。

程序代码如下:

```
>>> "p" in "python"
True
>>> "e" not in "python"
True
>>> "e" in "python"
False
```

3.2.6 身份运算符

身份运算符又被称为"同一运算符",用于比较两个操作对象的存储关系,即是否被存储在同一单元中。Python 支持的身份运算符包括"is""is not"。

身份运算符的说明和示例如表 3-7 所示。

表3-7 身份运算符的说明和示例

运 算 符	说 明	示 例
is	判断两个变量是否引用同一对象	x is y,类似于 id(x)= = id(y),如果 x 和 y 引用同一对象则返回 True,否则返回 False
is not	判断两个变量是否引用不同对象	x is not y,类似于 id(x)! = id(y),如果 x 和 y 不是引用同一对象则返回 True,否则返回 False

【例 3-8】身份运算符的使用。

程序代码如下:

```
>>> x=y=2
>>> z=2
>>> x is y
True
>>> x is z
True
>>> x is not y
False
```

3.2.7 位运算符

位运算符首先将整数转换为二进制数，然后右对齐，必要时在左侧补 0，接着按位进行运算，最后将运算结果转换为十进制数返回。Python 支持的位运算符包括 "<<" ">>" "&" "|" "^" "~"。

以 x=5，y=2 为例，位运算符的说明和示例如表 3-8 所示。

表 3-8　位运算符的说明和示例

运 算 符	名　　称	说　　明	示　　例
<<	按位左移	操作数的各二进制位全部左移若干位，由运算符右侧的值指定移动的位数，高位丢弃，低位补 0	x<<y，结果为 20
>>	按位右移	操作数的各二进制位全部右移若干位，由运算符右侧的值指定移动的位数，低位丢弃，高位补 0	x>>y，结果为 1
&	按位与	参与运算的两个操作数，如果相应位的值都为 1，则该位的结果为 1，否则为 0	x&y，结果为 0
|	按位或	参与运算的两个操作数，如果相应位至少有一个值为 1，则该位的结果为 1，否则为 0	x | y，结果为 7
^	按位异或	参与运算的两个操作数，如果相应位的值不同，则该位的结果为 1，否则为 0	x^y，结果为 7
~	按位取反	对操作数的所有二进制位的值取反，即将 1 变为 0，将 0 变为 1	~x，结果为-6

1. 按位左移运算符 "<<"

按位左移是指操作数的各二进制位全部向左移动若干位，由按位左移运算符 "<<" 右侧的值指定移动的位数，高位丢弃，低位补 0。以十进制数 5 按位左移两位为例，5 转换为二进制数是 00000101，将二进制数左移两位，其过程和结果如图 3-1 所示。

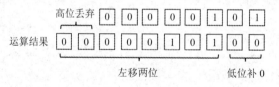

图 3-1　十进制数 5 按位左移两位运算过程和结果

根据图 3-1 可知，十进制数 5 按位左移两位的二进制结果为 00010100，将二进制结果转换为十进制数为 20。因此，十进制数 5 按位左移两位的结果为 20。

十进制数 5 按位左移两位通过程序代码来实现，如下：

```
>>> 5<<2
20
```

2. 按位右移运算符 ">>"

按位右移是指操作数的各二进制位全部向右移动若干位，由按位右移运算符 ">>" 右侧的值指定移动的位数，高位补 0，低位丢弃。以十进制数 5 按位右移两位为例，5 转换为二进制数是 00000101，将二进制数右移两位，其过程和结果如图 3-2 所示。

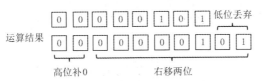

图 3-2 十进制数 5 按位右移两位运算过程和结果

根据图 3-2 可知，十进制数 5 按位右移两位的二进制结果为 00000001，将二进制结果转换为十进制数为 1。因此，十进制数 5 按位右移两位的结果为 1。

十进制数 5 按位右移两位通过程序代码来实现，如下：

```
>>> 5>>2
1
```

3. 按位与运算符 "&"

按位与是指参与运算的两个操作数，在转换为二进制数后，如果相应位的值都为 1，则该位的结果为 1，否则为 0。以十进制数 5 和 2 为例，转换为二进制数分别为 00000101 和 00000010，按位与运算过程和结果如图 3-3 所示。

图 3-3 十进制数 5 和 2 按位与运算过程和结果

根据图 3-3 可知，十进制数 5 和 2 按位与运算的结果为 00000000，将二进制结果转换为十进制数为 0。因此，十进制数 5 和 2 按位与运算的结果为 0。

十进制数 5 和 2 按位与运算通过程序代码来实现，如下：

```
>>> 5&2
0
```

4. 按位或运算符 "|"

按位或是指参与运算的两个操作数，在转换为二进制数后，如果相应位至少有一个值为 1，则该位的结果为 1，否则为 0。以十进制数 5 和 2 为例，转换为二进制数分别为 00000101 和 00000010，按位或运算过程和结果如图 3-4 所示。

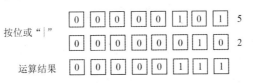

图 3-4 十进制数 5 和 2 按位或运算过程和结果

根据图 3-4 可知，十进制数 5 和 2 按位或运算的结果为 00000111，将二进制结果转换为十进制数为 7。因此，十进制数 5 和 2 按位或运算的结果为 7。

十进制数 5 和 2 按位或运算通过程序代码来实现，如下：

```
>>> 5|2
7
```

5. 按位异或运算符 "^"

按位异或是指参与运算的两个操作数，如果相应位的值不同，则该位的结果为 1，否则为 0。以十进制数 5 和 2 为例，转换为二进制数分别为 00000101 和 00000010，按位异或运算过程和结果如图 3-5 所示。

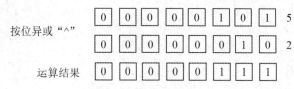

图 3-5 十进制数 5 和 2 按位异或运算过程和结果

根据图 3-5 可知，十进制数 5 和 2 按位异或运算的结果为 00000111，将二进制结果转换为十进制数为 7。因此，十进字数 5 和 2 按位异或运算的结果为 7。

十进制数 5 和 2 按位异或运算通过程序代码来实现，如下：

```
>>> 5^2
7
```

6. 按位取反运算符 "~"

按位取反是指对操作数中的所有二进制位的值取反，即将 1 变为 0，将 0 变为 1。按位取反操作首先获取这个操作数的补码，然后对补码进行取反，最后将取反结果转换为原码。在补码表示中，最高位为符号位，正数的符号位为 0，负数为 1。以十进制数 5 为例，按位取反运算的过程如下。

（1）对操作数求补码。因为十进制数 5 是正数，计算机中正数的原码、反码和补码均相同，所以其补码为 00000101。

（2）对补码取反，包括符号位。对十进制数 5 的补码 00000101 进行取反，取反结果为 11111010。

（3）对取反后的补码求原码。将 11111010 转换为原码，转码时符号位不变，其他位的值减 1 后取反，结果为 10000110，结果转换为十进制数为-6。

十进制数 5 按位取反运算过程和结果如图 3-6 所示。

图 3-6　十进制数 5 按位取反运算过程和结果

十进制数 5 按位取反运算通过程序代码来实现，如下：

```
>>> ~5
-6
```

3.3　表达式

任何程序都是由"语句"构成的。简单的语句只包含一条指令，而复杂的语句可以包含多条指令。一条表达式语句就是一个表达式，每个表达式都具有特定的值。整数 1 就是一个最简单的表达式，它的值也是 1。在交互模式下输入"1"，计算机会返回这个表达式的值"1"。

程序代码如下：

```
>>> 1
1
```

使用"运算符"可以将多个简单的表达式组合成复合表达式，如 5/2。因此，表达式通常由运算符和操作数（运算对象）两部分组成，运算结果由运算符和操作数共同决定。

3.3.1　表达式的组成规则

Python 表达式主要涉及的问题如下。

（1）如何使用 Python 表达式表示自然语言。

（2）如何将数学表达式转换为 Python 表达式。

【例 3-9】将数学表达式转换为 Python 表达式，如表 3-9 所示。

表 3-9　将数学表达式转换为 Python 表达式

数学表达式	Python 表达式
$\dfrac{(a+b)c-d}{ef}$	((a+b)*c-d)/e/f 或 ((a+b)*c-d)/(e*f) 或 (a*c+b*c-d)/e/f 或 (a*c+b*c-d)/ (e*f)
$\sin 45° + \dfrac{e^2 + \ln 100}{\sqrt{a}}$	math.sin(45*3.14/180) + (math.exp(2) + math.log(100,10))/math.sqrt(a)
$(ab)^2$	pow(a*b,2) 或 (a*b)**2 或 (a**2)*(b**2) 或 (a*b)* (a*b)

在将数学表达式转换为 Python 表达式时，应注意的规则如下。

（1）乘号不能省略。例如，数学表达式 ab 转换成 Python 表达式为 a*b。

（2）括号必须成对出现。多层括号嵌套时，各层均使用小括号"()"，括号由内向外逐层配对。

（3）运算符不能相邻。例如，a*/b 是一个错误的表达式。

将数学表达式转换为 Python 表达式需要经历两个步骤。

（1）添加必要的运算符。

（2）添加必要的函数。

3.3.2 表达式的运算

Python 支持使用多个不同的运算符来连接简单的表达式，从而实现复杂的运算。当表达式中含有多个运算符时，为避免表达式歧义，Python 为每个运算符设定了优先级。Python 中运算符的优先级排序（从高到低）如表 3-10 所示。

表 3-10 Python 中运算符的优先级排序（从高到低）

运　算　符	说　　明
**	幂运算（最高优先级）
~	按位取反运算
*、/、//、%	乘法运算、除法运算、整除运算和取余运算
+、-	加法运算、减法运算
<<、>>	按位左移运算、按位右移运算
&	按位与运算
|、^	按位或运算、按位异或运算
>、>=、<、<=	大于运算、大于或等于运算、小于运算、小于或等于运算
==、!=	相等运算、不相等运算
=、+=、-=、*=、/=、//=、%=、**=	赋值运算
is、is not	身份运算
in、not in	成员运算
not	取反运算
and	与运算
or	或运算

如果表达式中的运算符优先级相同，则按从左到右的顺序执行；如果表达式中包含多重括号，则会由内而外地依次执行括号中的表达式。

【例 3-10】按运算符的优先级进行运算。

（1）运算 5+(8-2)*3，程序代码如下：

```
>>> 5+(8-2)*3
23
```

运算顺序：8−2=6，6*3=18，5+18=23。

（2）运算 5%2+2**3，程序代码如下：

```
>>> 5%2+2**3
9
```

运算顺序：5%2=1，2**3=8，1+8=9。

3.3.3　表达式的注意事项

Python 表达式需要注意的事项如下。

（1）Python 可以同时为多个变量赋值。

（2）一个变量可以通过赋值指向不同类型的对象。

（3）在使用除法运算符"/"进行运算时，总是返回一个浮点数，如果想要获取整数结果，则应使用整除运算符"//"。

（4）在对不同数据类型的对象进行混合运算时，Python 会把整数自动转换为浮点数。

（5）字母必须加上引号，否则系统会给出错误提示。

3.4　本章案例

【案例 3-1】算术运算。

使用 Python 语言输出 316 的百位、十位和个位上的值。

程序代码如下：

```
>>> number=316
>>> number//100              #输出百位上的值
3
>>> number%100//10           #输出十位上的值
1
>>> number%10                #输出个位上的值
6
```

【案例 3-2】赋值运算、比较运算和逻辑运算。

已知 x 和 y 的值分别为 6 和 8。

（1）试使用比较运算符"<"判断 x+3 小于 2y 的值。

程序代码如下：

```
>>> x,y=6,8                  #对 x 和 y 分别赋值 6 和 8
>>> x+=3                     #等价于 x=x+3
```

```
>>> y*=2                                          #等价于 y=y*2
>>> x<y                                           #输出 x+3 小于 2y 的值
True
```

（2）试使用与运算符"and"判断 x<10 与 y<x 的值，使用或运算符"or"判断 x<10 或 y>x 的值。

程序代码如下：

```
>>> x,y=6,8
>>> x<10 and y<x                                  #输出 x<10 与 y<x 的值
False
>>> x<10 or y<x                                   #输出 x<10 或 y<x 的值
True
```

【案例 3-3】成员运算。

已知唐朝诗人列表中包括诗人李白、杜甫、王维、孟浩然、王昌龄、白居易；宋朝诗人列表中包括诗人苏轼、苏辙、王安石、李清照、辛弃疾、陆游。

（1）试使用成员运算符"in"判断王昌龄是诗人，并且是唐朝诗人的值。

程序代码如下：

```
>>> list_tang=["李白","杜甫","王维","孟浩然","王昌龄","白居易"]  #构建唐朝诗人列表
>>> list_song=["苏轼","苏辙","王安石","李清照","辛弃疾","陆游"]  #构建宋朝诗人列表
>>> list_poet=list_tang+list_song                           #构建诗人列表
>>> "王昌龄" in list_poet                                    #输出王昌龄是诗人的值
True
>>> "王昌龄" in list_tang                                    #输出王昌龄是唐朝诗人的值
True
```

（2）试使用成员运算符"in"判断白居易是诗人，并且是宋朝诗人的值。

程序代码如下：

```
>>> list_tang=["李白","杜甫","王维","孟浩然","王昌龄","白居易"]  #构建唐朝诗人列表
>>> list_song=["苏轼","苏辙","王安石","李清照","辛弃疾","陆游"]  #构建宋朝诗人列表
>>> list_poet=list_tang+list_song                           #构建诗人列表
>>> "白居易" in list_poet                                    #输出白居易是诗人的值
True
>>> "白居易" in list_song                                    #输出白居易是宋朝诗人的值
False
```

3.5 本章小结

本章主要讲解了变量的使用规则、运算符的应用及其表达式。Python 中的运算符包括算术运算符、赋值运算符、比较（关系）运算符、逻辑运算符、成员运算符、身份运算符、

位运算符。不同的运算符应用于不同的环境，具有不同的功能。在实际应用中应根据需要实现的功能选择合适的运算符。本章内容比较简单，读者在初学 Python 时应结合实际案例对本章内容多加练习，为深入学习 Python 打好基础。

习题

1.（判断）判断下列逻辑语句的值是 True 还是 False。

（1）2<1 or 3>1 or 5<2 and 6>5 and 3<5 or 3>4

（2）2>1 and 5<3 or 3>5 and 6>3 and 5<2

（3）2>1 and 5>3 or 2>5 and 6>3 and 5<2**2

（4）a=21,b=3,a>>2 > b<<2

（5）21 & 15 = = 5

（6）21 | 15 = = 5

（7）list=[1,2,3,4,5,6],2 is list

（8）list=[1,2,3,4,5,6],2 in list

2.（运算）写出下列表达式的值。

（1）2 and 3 or 0 and 5 and 6 or 8 and 4 or 7

（2）5 or 3 and 2 and 4 or 8 and 3 or 7 and 1

（3）2 or 5<8

（4）2 and 5<8

（5）7 and 8 and 6 and 2 or 1 and 5<3 and 4 and 3

（6）5 and 1 and 0>1 and 3 or 2 and 7 and 4 and 8

（7）7 and 3 and 2>1 or 4 and 8 and 3 or 5 and 1

（8）7 and 3 and 2<1 or 4 and 8 and 3>2 or 5 and 1

（9）6//4+2+3**2

（10）9%4 < 8//3 and 5>3

（11）int（9/4+3.14）%2

（12）8/4+3

3.（转换）将下列数学表达式转换为 Python 表达式。

（1）$\dfrac{2a+b-d}{ef}$

（2）$5^2 + \ln 100$

（3）$\cos 30° + \dfrac{1}{\sqrt{5}}$

（4）$\left[\dfrac{a+b}{c} + d\right]^{\frac{1}{4}} / (ef)^3$

4.（编程）编写 Python 程序，完成如下任务。

（1）计算直径为 10mm 的圆的半径、周长和面积（π=3.14）。

（2）构建一年级二班的学生列表，判断李明是否是一年级二班的学生（列表中包含 5 名学生即可）。

第4章　流程控制结构

计算机程序主要由数据结构和算法两类要素构成，即计算机程序=数据结构+算法。数据结构解决如何描述数据的问题，是数据在计算机中存储和访问的方式；算法解决如何操作数据的问题，是解决问题的逻辑、方法、过程。任何算法都可以包括3种基本的控制结构，即顺序结构、选择结构或循环结构。3种控制结构通过不同的方式组合而成，以实现多样化的功能，并解决复杂的问题。本章主要介绍 Python 程序设计流程，在此基础上讲解3种控制结构的基本用法，以及程序的编写格式。

4.1　Python 程序设计流程

Python 程序设计流程如下。

（1）分析问题，找出问题的关键点。

（2）找出解决问题的方法，确定解决问题的步骤，即算法。

（3）将解决问题的步骤转换为流程图，以流程图的形式描绘解决问题的步骤。

（4）根据流程图编写 Python 程序。

（5）调试程序、纠正错误、运行程序。

（6）完成程序设计。

Python 程序设计流程如图 4-1 所示。

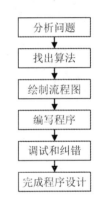

图 4-1　Python 程序设计流程

4.1.1　算法

算法（Algorithm）是对解决特定问题的步骤的一种描述，是指令的有限序列，具备的特征如下。

（1）输入性。算法的操作对象是数据，因此应能提供相应的数据输入。一个算法可以有零个或多个输入。

（2）输出性。算法的目的是解决问题，因此应能提供相应的输出。一个算法可以有一个或多个输出。

（3）有穷性。算法必须可以在执行有限个步骤之后终止，不能无休止地执行。

（4）确定性。算法中的每一条指令都必须有确切的含义，对于相同的输入只能得到相同的输出。

（5）可行性。算法中的每一个步骤都必须能够通过计算机语言被有效地执行，应具有可实现性，并在执行后得到确定的结果。

算法的评定标准如下。

（1）正确性。指算法能够满足解决问题的要求，即对于任何合法的输入，算法都会得出正确的结果。算法的正确性是评价一个算法优劣的最重要的标准。

（2）可读性。指算法被理解的难易程度。算法主要是为了阅读与交流，因此算法应易于理解。另外，难以理解的算法容易隐藏错误，增加用户发现错误的难度。

（3）健壮性。又被称为"鲁棒性""容错性"。指算法对非法输入的反应能力和处理能力。当输入的数据不合理时，处理错误的方法不应是中断程序的执行，而是返回一个表示具体错误或错误性质的值。

（4）时间复杂度。指执行算法需要完成的计算类工作。

（5）空间复杂度。指执行算法需要消耗的内存空间。

4.1.2　程序流程图

在程序设计过程中，有时自然语言的运用容易产生歧义。数学和计算机科学通常采用流程图、伪代码、PAD 图和形式化语言描述算法，其中流程图的应用非常广泛。

流程图又被称为"框图"，采用一些几何框、流向线和文体说明来表示算法，优点如下。

（1）使用简单、规范的符号，图形绘制简便。

（2）结构清晰，逻辑性强。

（3）便于描述，易于理解。

流程图在进行问题描述时主要采用如下符号。

（1）开始框和结束框，分别表示流程的开始和结束，如图 4-2（1）所示。

（2）输入框和输出框，分别用于向程序输入数据和从程序中向外输出数据，如图 4-2（2）所示。

（3）箭头，表示控制流向，如图 4-2（3）所示。

（4）执行框，表示一个处理步骤，与其连接的箭头是一进一出的，如图 4-2（4）所示。

（5）判别框，表示一个逻辑条件，与其连接的箭头是一进两出的，如图 4-2（5）所示。

|（1）| |（2）|

图 4-2　流程图符号

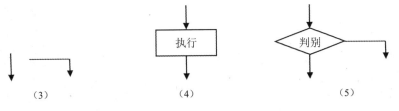

(3)　　　　　　　　　(4)　　　　　　　　　(5)

图 4-2　流程图符号（续）

4.2　顺序结构

顺序结构是一种非常简单的流程控制结构。程序按照语句的先后顺序依次执行，其工作流程一般为输入数据、处理数据、输出结果。顺序结构的语句主要包括赋值语句、输入语句、输出语句、格式化语句等，其特点是程序沿着一个方向执行，具有唯一入口和唯一出口。顺序结构程序执行流程如图 4-3 所示。

图 4-3　顺序结构程序执行流程

4.2.1　赋值语句

Python 是一种具有动态性特点的语言。变量的数据类型和值在首次赋值时被确定下来，在重新赋值时可能发生变化。通过赋值，可以将数据传递至变量对应的内存单元中，使一个变量指向不同数据类型的对象。

Python 中的赋值语句包括简单赋值语句、复合赋值语句和多变量赋值语句。

1. 简单赋值语句

简单赋值语句用于为单个变量赋值，语法格式如下：

变量=表达式

【例 4-1】通过赋值语句，使 x 先指向整数对象，再指向字符串对象。

程序代码如下：

```
>>> x=316
>>> x
316
>>> type(x)                          #输出 x 的数据类型
<class 'int'>
>>> id(x)                            #输出 x 的 ID
1811657064496
>>> x=505
>>> x
```

```
505
>>> type(x)
<class 'int'>
>>> id(x)
1811657064592
>>> x="316"
>>> x
'316'
>>> type(x)
<class 'str'>
>>> id(x)
1811657076912
```

根据【例 4-1】可知，系统在执行赋值语句时，首先计算赋值运算符右侧表达式的值，并创建一个数据对象；然后使左侧变量指向该数据对象，此时便实现了将右侧表达式的值赋予左侧变量。所以，赋值语句的执行过程是从右到左的单向过程。在首次赋值时，确定变量的值、数据类型和 ID；在重新赋值时，如果新值的数据类型与原值的数据类型相同，则变量的数据类型不变，否则，数据类型改变；另外，在重新赋值时，变量返回的 ID 一定改变。

2. 复合赋值语句

复合赋值是利用复合赋值运算符在对变量当前值进行某种运算后执行的赋值操作。在复合赋值语句中，变量既是运算对象，又是赋值对象，语法格式如下：

```
变量 op=表达式          #等价于变量=变量 op 表达式
```

其中，op 可以是一个算术运算符或位运算符，它与赋值运算符一起构成复合赋值运算符。

例如：

```
x+=y                    #等价于 x=x+y
```

Python 支持的复合赋值运算符有 12 种，包括 "+=" "−=" "*=" "/=" "%=" "**=" "//=" "<<=" ">>=" "&=" "|=" "^="。其中，前 7 种为算术运算的复合赋值运算符，后 5 种为位运算的复合赋值运算符。

【例 4-2】使用赋值语句，对 x 和 y 分别赋值 6 和 8，计算 x*y 的值，将其重新赋予 x，并将 x 的新值输出。

程序代码如下：

```
>>> x=6
>>> y=8
>>> x*=y                                               #等价于 x=x*y
>>> x
48
```

3. 多变量赋值语句

在 Python 中，多变量赋值语句有两种类型，分别为链式赋值语句和同步赋值语句。

（1）链式赋值语句用于对多个变量赋同一个表达式的值，语法格式如下：

变量 1=变量 2=…=变量 n=表达式

【例 4-3】通过赋值语句，对 x、y 和 z 同时赋值 6，并将 x、y、z 的值和 ID 输出。

程序代码如下：

```
>>> x=y=z=6
>>> x
6
>>> id(x)
140714383316800
>>> y
6
>>> id(y)
140714383316800
>>> z
6
>>> id(z)
140714383316800
```

根据【例 4-3】可知，在执行链式赋值语句时，先计算赋值运算符右侧表达式的值，同时创建一个对象，再将该对象的值同时赋予左侧的所有变量。因此，链式赋值语句下不同的变量返回的是同一个 ID。

（2）同步赋值语句用于对多个变量赋不同表达式的值，语法格式如下：

变量 1,变量 2,…,变量 n=表达式 1,表达式 2,…,表达式 n

赋值运算符左侧变量的数量与右侧表达式的数量必须相同。

【例 4-4】通过赋值语句，对 x、y、z 分别赋值 6、8、10，并将 x、y、z 的值和 ID 输出。

程序代码如下：

```
>>> x,y,z=6,8,10
>>> x
6
>>> id(x)
140714383316800
>>> y
8
>>> id(y)
140714383316864
>>> z
```

```
10
>>> id(z)
140714383316928
```

根据【例 4-4】可知，在执行同步赋值语句时，先计算赋值运算符右侧表达式的值，同时创建多个对象，再将这些对象的值按顺序分别赋予左侧的变量。因此，同步赋值语句下不同的变量返回的是不同的 ID。

4.2.2　输入语句

Python 提供了 input()函数，用于获取用户输入的数据，实现输入语句。

【例 4-5】获取用户输入的数据，查看数据类型，并在将数据格式化后输出其值和类型。

程序代码如下：

```
>>> m=input("Please input a number:")          #获取用户输入的数据
Please input a number:316                       #用户输入一个数据
>>> m                                           #输出 m 的值
'316'
>>> type(m)                                     #输出 m 的数据类型
<class 'str'>
>>> n=input("Please input a sentence:")         #获取用户输入的数据
Please input a sentence:Hello, world!           #用户输入一句话
>>> n                                           #输出 n 的值
'Hello, world!'
>>> type(n)                                     #输出 n 的数据类型
<class 'str'>
```

根据【例 4-5】可知，从外部获取用户输入的数据，其数据类型均为字符串。

4.2.3　输出语句

在 Python 中，标准输出语句可以通过交互模式和脚本模式来实现。

（1）在交互模式下，使用表达式语句输出表达式的值，但这种方式不能在脚本模式下使用。

（2）使用程序内置的 print()函数，这种方式在交互模式和脚本模式下均可使用。

使用 print()函数，可以输出多个输出项的值，语法格式如下：

```
print([输出项 1],[输出项 2,…,输出项 n] [,sep=分隔符] [,end=结束符])
```

输出项之间使用逗号"，"分隔。sep 参数用于指定各个输出项之间的分隔符，默认值为空格符（空格键）。end 参数用于指定结束符，默认值为换行符（回车键）。

print()函数用于从左到右依次计算各个输出项的值，并将计算结果在同一行输出。

【例 4-6】分别在交互模式和脚本模式下对 x 和 y 赋值 6 和 8，并将 x 和 y 的值同时输出。

（1）交互模式下的程序代码如下：

```
>>> x=6
>>> y=8
>>> x,y                      #使用表达式语句输出表达式的值
(6, 8)
>>> print(x,y,sep=",")       #使用 print()函数输出表达式的值
```

运行结果如下：

```
6,8
```

（2）脚本模式下的程序代码如下：

```
x=6
y=8
print(x,y,sep=",")
```

运行结果如下：

```
6,8
```

根据【例 4-6】可知，交互模式相当于启动了 Python 解释器，等待用户逐行输入程序代码，且每输入一行就执行一行。需要注意的是，赋值运算只是一项操作，只有操作结果，没有返回值。在脚本模式下，将程序代码输入脚本文件（.py 文件），当运行脚本时启动 Python 解释器，然后一次性地将.py 文件中的程序代码执行完毕。程序运行期间用户不能进行程序代码的更改。

4.2.4　格式化语句

在 Python 中，可以使用 eval()函数对字符串进行格式化。而在输出数据时，还可以使用格式化运算符"%"和 str.format()函数实现数据的格式化输出。

1. eval()函数

eval()函数可以将字符串转换为整数、浮点数、列表、元组、字典等数据类型。

（1）将字符串转换为整数，程序代码如下：

```
>>> a="23"
>>> type(a)
<class 'str'>
>>> eval(a)
23
>>> type(eval(a))
<class 'int'>
```

（2）将字符串转换为浮点数，程序代码如下：

```
>>> a="23.4"
>>> type(a)
<class 'str'>
>>> eval(a)
23.4
>>> type(eval(a))
<class 'float'>
```

（3）将字符串转换为列表，程序代码如下：

```
>>> a="[3,1,6]"
>>> type(a)
<class 'str'>
>>> eval(a)
[3, 1, 6]
>>> type(eval(a))
<class 'list'>
```

（4）将字符串转换为元组，程序代码如下：

```
>>> a="(3,1,6)"
>>> type(a)
<class 'str'>
>>> eval(a)
(3, 1, 6)
>>> type(eval(a))
<class 'tuple'>
```

（5）将字符串转换为字典，程序代码如下：

```
>>> a="{1:'m',2:'n'}"
>>> type(a)
<class 'str'>
>>> eval(a)
{1: 'm', 2: 'n'}
>>> type(eval(a))
<class 'dict'>
```

eval()函数有很多功能，使用也很灵活。读者可以尝试使用其更多功能。

2. 格式化运算符 "%"

在 Python 中，可以先使用格式化运算符 "%" 将输出数据（内含多个输出项）格式化，再调用 print()函数，按照一定格式输出数据，语法格式如下：

```
print("格式字符串"% (输出项 1,…,输出项 n ))
```

其中，格式字符串由普通字符和格式说明符构成。普通字符按照原样输出，格式说明符用于指定输出项的输出格式。在运行程序时，格式字符串中的格式说明符将被对应的输出项的值按照格式说明符指定的格式替换。格式说明符以百分号"%"开头，后接格式标识符。Python 常用的格式说明符如表 4-1 所示。

表 4-1　Python 常用的格式说明符

格式说明符	说　　明
%%	输出百分号
%d	输出十进制数
%c	等价于 chr()函数，输出字符
%s	输出字符串
%o	输出八进制数
%x 或%X	输出十六进制数
%e 或%E	以科学记数法形式输出浮点数
%[w][.p]f	以小数形式输出浮点数。数据长度为 w，默认值为 0；小数部分有 p 位，默认值为 6

【例 4-7】使用 print()函数输出李雷的个人信息。

程序代码如下：

```
name="李雷"
sex="男"
age=20
mark=86.7329
tel=138****1234
print("姓名：%s，性别：%s，年龄：%d 岁，分数：%.2f，联系方式：%s。"\
        %(name,sex,age,mark,tel))
```

运行结果如下：

```
姓名：李雷，性别：男，年龄：20 岁，分数：86.73，联系方式：138****1234。
```

3．str.format()函数

在 Python 中，还可以使用 str.format()函数实现格式化输出，这是实现字符串格式化的首选方案，语法格式如下：

```
str.format(输出项 1,…,输出项 n)
```

其中，str 为格式字符串，由普通字符和格式说明符构成。普通字符按照原样输出，格式说明符用于指定输出项的输出格式。在运行程序时，格式字符串中的格式说明符将被 str.format()函数中对应的输出项按照格式说明符指定的格式替换。格式说明符使用大括号"{}"括起来。大括号在此处被称为"槽"，槽内格式化配置的语法格式如下：

```
{<参数符号>: 格式控制符}
```

其中，冒号"："为引导符号，左侧是参数符号，右侧是格式控制符。

参数符号为可选项，可以是序号或键名，用于指定要格式化的输出项的位置。当参数符号为序号时，0 表示第一个输出项，1 表示第二个输出项，以此类推；如果序号全部省略，则按从左到右的顺序输出。

格式控制符均为可选项，其格式化内容如表 4-2 所示。

表 4-2　格式控制符的格式化内容

：	填　充	对　齐	宽　度	，	.精　度	类　型
引导符号	单个字符	<左对齐 >右对齐 ^居中对齐	槽的输出宽度	千位分隔符	浮点数中小数的精度或字符串的长度	整数：c、b、o、d、x、X 浮点数：e、E、f、%

【例 4-8】使用 str.format() 函数输出李雷的个人信息。

程序代码如下：

```
name="李雷"
sex="男"
age=20
mark=86.7329
tel=13812341234
print("姓名：{0}，性别：{3}，年龄：{2}岁，分数：{4:.2f}，联系方式：{1}。"\
.format(name,tel,age,sex,mark))
```

运行结果如下：

```
姓名：李雷，性别：男，年龄：20 岁，分数：86.73，联系方式：13812341234。
```

根据【例 4-7】和【例 4-8】可知，两种方式的运行结果相同，但在【例 4-8】中，输出项的顺序与格式字符串中需替换的格式说明符的顺序不一致，表明 str.format() 函数在使用中的灵活性更高。

4.3　选择结构

选择结构根据条件表达式的值（True 或 False）选择不同的语句来执行，并通过 if 语句来实现。根据分支的数量，选择结构分为单分支结构、双分支结构和多分支结构。根据实际需求，可以在一个选择结构中嵌入另一个选择结构。

4.3.1　单分支结构（if 语句）

Python 中的 if 语句能够通过条件判断，选择是否进入特定的执行分支。只有一个执行分支的选择结构被称为"单分支结构"，语法格式如下：

```
if  条件表达式:
    语句块
```

如果条件表达式的值为真，则执行对应语句块，否则不执行该语句块。Python 认为非 0 的值为 True，0 的值为 False。if 语句的执行流程如图 4-4 所示。

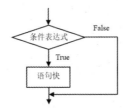

图 4-4 if 语句的执行流程

【例 4-9】获取用户随机输入的两个整数，输出其中较大的值。

程序代码如下：

```
m=input("请输入第一个整数：")
n=input("请输入第二个整数：")
big=m
if big<n:
    big=n
print("比较{}和{}，较大的是{}".format(m,n,big))
```

运行结果如下：

```
请输入第一个整数：26
请输入第二个整数：38
比较 26 和 38，较大的是 38
```

4.3.2 双分支结构（if…else 语句）

经过条件判断之后，有两个执行分支的选择结构被称为"双分支结构"，通过 if…else 语句来实现，语法格式如下：

```
if  条件表达式:
    语句块 1
else:
    语句块 2
```

如果条件表达式的值为真，则执行语句块 1，否则执行语句块 2。if…else 语句的执行流程如图 4-5 所示。

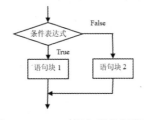

图 4-5 if…else 语句的执行流程

【例 4-10】获取用户随机输入的两个整数，输出其中较大的值。

程序代码如下：

```
m=input("请输入第一个整数：")
n=input("请输入第二个整数：")
if m>n:
    big=m
else:
    big=n
print("比较{}和{}，较大的是{}".format(m,n,big))
```

运行结果如下：

```
请输入第一个整数：26
请输入第二个整数：38
比较 26 和 38，较大的是 38
```

简化程序代码如下：

```
m,n=eval(input("请输入两个整数并用"，"分隔："))
print("比较{0}和{1}，较大的是{0}".format(m,n)) \
    if m>n else print("比较{0}和{1}，较大的是{1}".format(m,n))
```

如果条件表达式的值为真，则执行前面的语句块，否则执行后面的语句块。

4.3.3 多分支结构（if…elif…else 语句）

经过条件判断之后，有多个执行分支的选择结构被称为"多分支结构"，通过 if…elif…else 语句来实现，语法格式如下：

```
if  条件表达式 1:
    语句块 1
elif 条件表达式 2:
    语句块 2
…
elif 条件表达式 n:
    语句块 n
else:
    语句块 n+1
```

如果条件表达式 1 的值为真，则执行语句块 1，否则判断条件表达式 2；如果条件表达式 2 的值为真，则执行语句块 2，否则判断条件表达式 3；以此类推，如果条件表达式 n 的值为真，则执行语句块 n，否则执行语句块 n+1。if…elif…else 语句的执行流程如图 4-6 所示。

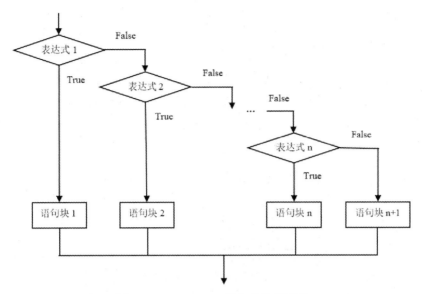

图 4-6　if…elif…else 语句的执行流程

【例 4-11】将成绩由百分制转换为等级制。

程序代码如下：

```
mark=eval(input("请输入百分制的整数成绩："))
if mark<60:
    print("{}分的等级制成绩为：不及格".format(mark))
elif mark<70:
    print("{}分的等级制成绩为：及格".format(mark))
elif mark<80:
    print("{}分的等级制成绩为：中等".format(mark))
elif mark<90:
    print("{}分的等级制成绩为：良好".format(mark))
else:
    print("{}分的等级制成绩为：优秀".format(mark))
```

运行结果如下：

```
请输入百分制的整数成绩：85
85 分的等级制成绩为：良好
请输入百分制的整数成绩：55
55 分的等级制成绩为：不及格
```

4.3.4　分支嵌套

如果 if 语句中的语句块也是 if 语句，则构成了 if 语句的分支嵌套，语法格式如下：

```
if  条件表达式 1:
    if  条件表达式 2:
        语句块 1
```

```
        elif 条件表达式 3:
            语句块 2
        else:
            语句块 3
    elif 条件表达式 4:
        语句块 4
    else:
        语句块 5
```

如果条件表达式 1 的值为真，则判断条件表达式 2，如果条件表达式 2 的值为真，则执行语句块 1；否则判断条件表达式 3，如果条件表达式 3 的值为真，则执行语句块 2，否则执行语句块 3。如果条件表达式 1 的值为假，则判断条件表达式 4，如果条件表达式 4 的值为真，则执行语句块 4；否则执行语句块 5。

【例 4-12】获取用户随机输入的整数，判断其是否能被 3 或 5 整除。

程序代码如下：

```python
number=int(input("请输入一个整数："))
if number%3==0:
    if number%5==0:
        print("{}既能被 3 整除，又能被 5 整除".format(number))
    else:
        print("{}能被 3 整除，但不能被 5 整除".format(number))
elif number%5==0:
    print("{}能被 5 整除，但不能被 3 整除".format(number))
else:
    print("{}既不能被 3 整除，又不能被 5 整除".format(number))
```

运行结果如下：

```
请输入一个整数：6
6 能被 3 整除，但不能被 5 整除
请输入一个整数：10
10 能被 5 整除，但不能被 3 整除
请输入一个整数：15
15 既能被 3 整除，又能被 5 整除
请输入一个整数：11
11 既不能被 3 整除，又不能被 5 整除
```

◥ 4.4　循环结构

循环结构是程序中一个很重要的结构，它的特点是在给定条件成立时，反复执行某个语句块，直到条件不成立时结束执行。给定的条件被称为"循环控制条件"，反复执行的

语句块被称为"循环体"。Python 提供了两种循环语句，分别为 while 循环语句和 for 循环语句。通过在一个循环结构中使用另一个循环结构，可以形成循环结构的嵌套。而通过 break 语句、continue 语句和 pass 语句，又可以对循环结构的执行过程进行控制。

构造循环结构的关键是确定与循环控制变量有关的 3 个表达式。

- 表达式 1：用于为循环控制变量赋初始值，作为开始循环的初始条件。
- 表达式 2：用于判断是否执行循环体，即循环控制条件。当表达式 2 的值为真时，循环体被反复执行；当表达式 2 的值为假时，退出循环体，不再执行。如果表达式 2 的值始终为真，则循环体会一直被执行，无法得到有效解，进而出现"死循环"。在编写程序时，可以通过改变循环控制变量来避免出现死循环，这时会用到表达式 3。
- 表达式 3：用于改变循环控制变量，避免出现死循环。循环体每被执行一次，表达式 3 的值也会被计算一次，循环控制变量的改变最终导致表达式 2 的值为假，从而终止循环。

循环结构流程如图 4-7 所示。

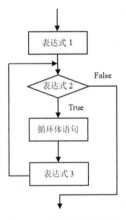

图 4-7　循环结构流程

4.4.1　while 循环

while 循环语句的语法格式如下：

```
while  条件表达式:
    语句块
```

如果条件表达式的值为真，则执行语句块。单次执行完毕后，会重新计算条件表达式的值，如果依旧为真，则再次执行语句块。直到条件表达式的值为假时，结束循环。

【例 4-13】应用 while 循环语句计算 1～10 的整数和。

（1）方法一的程序代码如下：

```
sum=0
i=1
while i<=10:
    sum=sum+i
    i=i+1
print("1~10 的整数和为："+str(sum))
```

运行结果如下：

1~10 的整数和为：55

（2）方法二的程序代码如下：

```
i=1;sum=0
while i<11:
    sum+=i
    i+=1
print("1~10 的整数和为：{}".format(sum))
```

运行结果如下：

1~10 的整数和为：55

在 Python 中，可以在 while 循环语句中使用可选的 else 子句，语法格式如下：

```
while   条件表达式:
    语句块 1
else:
    语句块 2
```

当 while 循环正常结束时，将执行 else 子句。如果是通过执行 break 子句而中断循环的，则不执行 else 子句。

4.4.2   for 循环

在 Python 中，for 循环语句是一个通用的序列迭代器，一般用于实现遍历循环。遍历是指逐一访问有序序列对象中的所有元素。for 循环语句的语法格式如下：

```
for 变量 in 遍历对象:
    语句块
```

for 循环语句的遍历对象可以是序列、字符串、列表、元组、集合、字典、文件等。

【例 4-14】已知唐朝诗人列表和宋朝诗人列表，依次输出诗人的姓名，并说明其是哪个朝代的诗人。

程序代码如下：

```
list_tang=["李白","杜甫","王维","孟浩然"]
list_song=["苏轼","苏辙","王安石","李清照"]
for i in list_tang:
```

```
        print(i+"是唐朝诗人")
for i in list_song:
        print(i+"是宋朝诗人")
```

运行结果如下：

```
李白是唐朝诗人
杜甫是唐朝诗人
王维是唐朝诗人
孟浩然是唐朝诗人
苏轼是宋朝诗人
苏辙是宋朝诗人
王安石是宋朝诗人
李清照是宋朝诗人
```

【例 4-15】获取用户输入的正整数，应用 for 循环语句计算 1～用户输入的正整数的整数和。

程序代码如下：

```
number=eval(input("请输入一个正整数："))
sum=0
for i in range(1,number+1):              #遍历 1～用户输入的正整数，步长为 1
        sum+=i
print("1～{}的整数和为：{}".format(number,sum))
```

运行结果如下：

```
请输入一个正整数：10
1～10 的整数和为：55
```

【例 4-16】获取用户输入的正整数，计算 1～用户输入的正整数的偶数和。

（1）方法一的程序代码如下：

```
number=eval(input("请输入一个正整数："))
sum=0
for i in range(2,number+1,2):            #遍历 2～用户输入的正整数，步长为 2
        sum+=i
print("1～{}的偶数和为：{}".format(number,sum))
```

运行结果如下：

```
请输入一个正整数：10
1～10 的偶数和为：30
```

（2）方法二的程序代码如下：

```
number=eval(input("请输入一个正整数："))
sum=0
i=2
for j in range(number//2):               #循环 number//2 次
```

```
    sum+=i
    i+=2                                          #当前偶数累加后得到下一个偶数
print("1~{}的偶数和为：{}".format(number,sum))
```

运行结果如下：

```
请输入一个正整数：10
1~10 的偶数和为：30
```

读者可以尝试使用 while 循环语句实现【例 4-16】。

与 while 循环语句一样，for 循环语句中也可以使用可选的 else 子句，语法格式如下：

```
for 变量 in 序列:
    语句块 1
else:
    语句块 2
```

当 for 循环正常结束时，将执行 else 子句。如果是通过执行 break 子句而中断循环的，则不执行 else 子句。

4.4.3　循环嵌套

一个循环体中嵌入另一个循环体，这种情况被称为"循环嵌套"，又被称为"多重循环"。循环嵌套由外层循环和内层循环构成。当外层循环进入下一轮循环时，内层循环将重新初始化并开始被执行。while 循环语句和 for 循环语句可以相互嵌套。

循环嵌套中常用的是二重循环。以二重循环为例，程序设计思路如下。

（1）保留其中一层循环的变量，并将另一层循环的变量设为定量，实现单重循环。

（2）将另一层循环的变量从定量改为变量，将单重循环转变为二重循环。

在使用循环嵌套时，应注意的事项如下。

（1）外层循环和内层循环的控制变量不能同名，避免出现混乱。

（2）循环嵌套应逐层缩进，保证逻辑关系的清晰性。

（3）循环嵌套不能交叉，即在一个循环体内必须完整包含另一个循环。

【例 4-17】输出乘法口诀表。

程序代码如下：

```
print("乘法口诀表")
for i in range(1,10):
    for j in range(1,i+1):
        print("{}×{}={}\t".format(i,j,i*j),end="")
    print()
```

运行结果如下：

```
乘法口诀表
1×1=1
2×1=2      2×2=4
3×1=3      3×2=6      3×3=9
4×1=4      4×2=8      4×3=12     4×4=16
5×1=5      5×2=10     5×3=15     5×4=20     5×5=25
6×1=6      6×2=12     6×3=18     6×4=24     6×5=30     6×6=36
7×1=7      7×2=14     7×3=21     7×4=28     7×5=35     7×6=42     7×7=49
8×1=8      8×2=16     8×3=24     8×4=32     8×5=40     8×6=48     8×7=56     8×8=64
9×1=9      9×2=18     9×3=27     9×4=36     9×5=45     9×6=54     9×7=63     9×8=72     9×9=81
```

【例 4-18】鸡兔同笼问题。鸡和兔共有 20 只，脚共有 50 只，计算鸡和兔各有多少只。

解析：设鸡有 x 只，兔有 y 只，根据已知条件列出数学方程组：

$$\begin{cases} x+y=20 \\ 2x+4y=50 \end{cases}$$

程序代码如下：

```python
for x in range(1,21):
    for y in range(1,21):
        if x+y==20 and 2*x+4*y==50:
            print("鸡的数量是：{:>2} 只".format(x))
            print("兔的数量是：{:>2} 只".format(y))
```

运行结果如下：

```
鸡的数量是：15 只
兔的数量是： 5 只
```

4.4.4 跳出循环

循环语句在满足条件的情况下会一直被执行，但是在一些情况下需要跳出循环。Python 支持的跳出循环语句包括 break 语句、continue 语句和 pass 语句。

1. break 语句

break 语句可以提前跳出循环。如果单重循环中使用了 break 语句，则在程序执行 break 语句时会结束循环；如果多重循环中使用了 break 语句，则在程序执行 break 语句时会结束对应的循环，而不能跳出多重循环。break 语句只能出现在循环语句的循环体中。

在 while 循环和 for 循环中，break 语句通常与 if 语句一起使用。使用 break 语句时，即使循环控制条件的值没有变成 False 或者序列还没有被遍历完，循环语句也会立刻停止被执行，跳出循环体；如果存在 else 语句，则同时跨过 else 语句，继续执行循环语句后面的语句。

【例 4-19】获取用户输入的由英文字母组成的字符串，遍历字符串中的字母，并逐一输出。字母间以空格间隔，当遇到 t 或 T 时结束遍历，同时输出"遇到 t 停止输出"。

程序代码如下：

```
str=input("请输入一些英文字母：")
for i in str:
    if i=="t" or i=="T":
        print("t","遇到 t 停止输出")
        break
    else:
        print(i," ",end="")
```

运行结果如下：

```
请输入一些英文字母：continue
c o n t 遇到 t 停止输出
请输入一些英文字母：hello,world
h e l l o , w o r l d
```

2. continue 语句

在循环结构中，可以使用 continue 语句跳出本轮循环，直接开始下一轮循环，并不终止整个循环的执行。

continue 语句与 break 语句一样，用在 while 循环和 for 循环中，通常与 if 语句一起使用。分析两者的不同，continue 语句用来跳过当前循环体中的剩余语句，然后继续进行下一轮循环；break 语句则是跳过整个循环体，然后继续执行该循环体后面的语句。

【例 4-20】分别使用 continue 语句和 break 语句遍历单词 Python 中的所有字母，当遇到字母 h 时跳转。

（1）使用 continue 语句的程序代码如下：

```
for i in "Python":
    if i =="h":
        continue
    print(i," ",end="")
```

运行结果如下：

```
P y t o n
```

（2）使用 break 语句的程序代码如下：

```
for i in "Python":
    if i =="h":
        break
    print(i," ",end="")
```

运行结果如下：

```
P y t
```

3. pass 语句

pass 是空语句，不执行任何操作，一般作为占位语句使用，以保持程序的完整性。用户可以使用 pass 语句填充尚未编写的内容，使程序可以正常运行而不报错。

【例 4-21】遍历单词 Python 中的所有字母，在遇到字母 h 时输出"敬请期待"。

程序代码如下：

```
for i in "Python":
    if i =="h":
        pass
        print("敬请期待")
    else:
        print("当前字母为："+i)
print("结束！")
```

运行结果如下：

```
当前字母为：P
当前字母为：y
当前字母为：t
敬请期待
当前字母为：o
当前字母为：n
结束！
```

4.5 程序的编写格式

为了使程序便于阅读，方便用户间的沟通，所有人编写的程序应大致一致。Python 的编写应遵循一些格式设置的规定，保证程序的整体结构是清晰的，便于使用。

4.5.1 缩进

在 Python 中，代码块缩进是语法要求。代码块必须缩进，否则会出现语法错误。行首的空白被称为"缩进"，缩进使程序具有层次性，并大幅度提升其可读性。Python 代码块缩进的语法格式如下：

```
for i in range(0,10):
    print(i)
```

PEP8 规范建议每级缩进使用 4 个空格，既可以提高可读性，又可以预留足够的多级缩进空间。Python 使用代码块缩进体现了代码间的逻辑关系，缩进结束表示该代码块结束。缩进量是可变的，但是同一个代码块的语句必须有相同的缩进量。

【例 4-22】获取用户输入的 3 个正整数，按照升序排列输出。

程序代码如下：

```
x,y,z=eval(input("请输入 3 个正整数（以"，"间隔）："))
print("初始顺序为：{},{},{}".format(x,y,z))
if x<y:
    if y<z:
        print("升序为：{},{},{}".format(x,y,z))
    else:
        if x<z:
            print("升序为：{},{},{}".format(x,z,y))
        else:
            print("升序为：{},{},{}".format(z,x,y))
else:
    if x<z:
        print("升序为：{},{},{}".format(y,x,z))
    else:
        if y<z:
            print("升序为：{},{},{}".format(y,z,x))
        else:
            print("升序为：{},{},{}".format(z,y,x))
```

运行结果如下：

```
请输入 3 个正整数（以"，"间隔）：16,18,12
初始顺序为：16,18,12
升序为：12,16,18
```

4.5.2 多行书写

Python 中通常是一行书写一条语句，如果语句过长，则可使用反斜杠"\"实现多行书写。

【例 4-23】多行书写示例（1）。

程序代码如下：

```
list_sports_pingpong=["王楠","马龙","王励勤","马琳"]
list_sports_diving=["伏明霞","吴敏霞","郭晶晶","田亮"]
list_sports_basketball=["李楠","王治郅","刘炜","朱芳雨"]
list_sports=list_sports_pingpong+\
            list_sports_diving+\
            list_sports_basketball
for i in list_sports:
    print(i,end=" ")
```

运行结果如下：

```
王楠 马龙 王励勤 马琳 伏明霞 吴敏霞 郭晶晶 田亮 李楠 王治郅 刘炜 朱芳雨
```

"[ ]""{ }""()"中的多行语句不需要使用反斜杠，可以直接按回车键换行。

【例 4-24】多行书写示例（2）。

程序代码如下：

```
list_personage=["刘备","关羽","张飞","赵云","诸葛亮",      #直接按回车键换行
                "黄忠","周瑜","曹操","孙权","许攸",        #直接按回车键换行
                "马超","徐庶","鲁肃"]
for i in list_personage:
    print(i,end=" ")
```

运行结果如下：

```
刘备 关羽 张飞 赵云 诸葛亮 黄忠 周瑜 曹操 孙权 许攸 马超 徐庶 鲁肃
```

4.5.3　空行

如果想要将程序的不同部分分开，则可使用空行。函数之间或类的方法之间使用空行分隔，表示新代码段的开始。函数或类的方法的入口前也应加空行，以突出函数或类的方法的入口。

空行不会影响程序的运行，但会影响程序的可读性。Python 解释器根据水平缩进的情况来运行程序，但不关心程序代码块之间的垂直间距。

4.5.4　注释

注释是指使用自然语言说明程序中某个代码块的功能。如果想临时移除一个代码块，则可使用注释的方式将这个代码块临时禁用。Python 支持"#"开头、3 组单引号、3 组双引号和 3 组三引号的注释方式。

【例 4-25】注释示例。

程序代码如下：

```
#获取用户输入的正整数
number=input("请输入一个正整数：")

"""输出用户输入的正整数"""
print(number)
```

4.6　本章案例

【案例 4-1】阶乘求和。

（1）方法一的程序代码如下：

```
#阶乘求和
s=0
t=1
for n in range(1,6):
    t*=n
    s+=t
print("1!+2!+3!+4!+5!=%d"%s)
```

运行结果如下：

```
1!+2!+3!+4!+5!=153
```

（2）方法二的程序代码如下：

```
#阶乘求和
s=0
for i in range(1,6):
    t=1
    for j in range(1,i+1):
        t*=j
    s+=t
print("1!+2!+3!+4!+5!=%d"%s)
```

运行结果如下：

```
1!+2!+3!+4!+5!=153
```

【案例 4-2】图形输出。

使用循环语句输出图形，如图 4-8 所示。

```
    *
   ***
  *****
```

图 4-8　需输出的图形

解析：图 4-8 中的星号"*"共 3 行，循环运行 3 次，每次输出一行；每行的星号位置居中，星号前空格的数量为"3-行数"，星号的数量为"2×行数-1"；单行输出每个字符时，输出后不换行，整行输出完毕后换行。

（1）方法一的程序代码如下：

```
#图形输出
for i in range(1,4):
    print("{:^5}".format("*" * (2 * i -1)))
```

运行结果如下：

```
  *
 ***
*****
```

（2）方法二的程序代码如下：

```
#图形输出
for i in range(1,4):
    for j in range(0,3-i):
        print(" ", end="")
    for m in range(0,2*i-1):
        print("*",end="")
    print()
```

运行结果如下：

```
  *
 ***
*****
```

【案例 4-3】温度转换。

温度的表示类型有两种，分别为摄氏温度 C 和华氏温度 F，符号分别为℃和℉。摄氏度和华氏度可以相互转换，转换公式分别为 C=（F-32）/1.8 和 F=C×1.8+32。

循环、随机获取用户输入的温度，判断用户输入的温度的表示类型，如果用户输入的是摄氏温度，则将其转换为华氏温度；如果用户输入的是华氏温度，则将其转换为摄氏温度；如果用户按空格键，则程序结束运行。

（1）方法一的程序代码如下：

```
#温度转换器
while True:
    temperature=input('请输入带有符号的温度（按空格键退出程序）：')
    if temperature==" ":
        print("结束！")
        break
    else:
        print("用户输入为：" + temperature)
        if temperature[-1] in ["c", "C"]:
            F = eval(temperature[0:-1]) * 1.8 + 32
            print("转换后的温度为：{:.2f} F".format(F))
        elif temperature[-1] in ["f", "F"]:
            C = (eval(temperature[0:-1]) -32) / 1.8
            print("转换后的温度为：{:.2f} C".format(C))
        else:
            print("输入格式错误！")
```

运行结果如下：

```
请输入带有符号的温度（按空格键退出程序）：36c
用户输入为：36c
```

转换后的温度为：96.80 F

请输入带有符号的温度（按空格键退出程序）：36F

用户输入为：36F

转换后的温度为：2.22 C

请输入带有符号的温度（按空格键退出程序）：36

用户输入为：36

输入格式错误！

请输入带有符号的温度（按空格键退出程序）：

结束！

（2）方法二的程序代码如下：

```
#温度转换器
flag=1
while True:
    temperature=input('请输入带有符号的温度（按空格键退出程序）：')
    if temperature==" ":
        flag=0
        print("结束！")
        break
    while flag==1:
        print("用户输入为：" + temperature)
        if temperature[-1] in ["c", "C"]:
            F = eval(temperature[0:-1]) * 1.8 + 32
            print("转换后的温度为：%.2f F" % F)
            break
        elif temperature[-1] in ["f", "F"]:
            C = (eval(temperature[0:-1]) -32) / 1.8
            print("转换后的温度为：%.2f C" % C)
            break
        else:
            print("输入格式错误！")
            break
```

运行结果如下：

请输入带有符号的温度（按空格键退出程序）：36c

用户输入为：36c

转换后的温度为：96.80 F

请输入带有符号的温度（按空格键退出程序）：36F

用户输入为：36F

转换后的温度为：2.22 C

请输入带有符号的温度（按空格键退出程序）：36

用户输入为：36

输入格式错误！

请输入带有符号的温度（按空格键退出程序）：
结束！

4.7　本章小结

本章主要介绍了 Python 程序设计流程，以及程序的 3 种基本控制结构，包括顺序结构、选择结构和循环结构。通过多种结构的相互嵌套，可以实现多样化的功能，并解决实际应用中的各类复杂问题。在程序的编写过程中，应注意各种结构能够实现的功能，尽量选择结构简单的程序，避免因深层嵌套而增加程序阅读、纠错的难度。另外，还要注意缩进、空行、注释等的使用，使程序结构清晰，便于阅读。

习题

1．（判断）判断下列表述的正误。

（1）for 循环至少被执行 0 次。

（2）while 循环至少被执行 1 次。执行 x, y=y, x 语句不会导致错误。

（3）for 循环语句 for i in range(10, 0)能实现从 1～10 的遍历。

（4）如果 x=10，y=20，则执行 y if x>y else x 语句后的值为 20。

（5）在 Python 中，for 循环语句用于遍历任何有序序列中的所有元素。

（6）在 Python 中，break 语句和 continue 语句均可以用在循环结构中，它们的作用相同。

（7）x=2,x*= (x+3)语句在被执行后，x 的值为 10。

2．（编程）编写程序，完成如下任务。

（1）获取用户输入的年份，计算输入的年份对应的生肖。

（2）"水仙花数"是一类三位数的统称，其各位上数的立方和与这个数本身相等。例如：$1^3+5^3+3^3=153$，所以 153 是一个水仙花数。输出所有水仙花数。

（3）闰年分为普通闰年和世纪闰年。普通闰年的公历年份是 4 的倍数，但不是 100 的倍数；世纪闰年的公历年份是 400 的倍数。获取用户输入的年份，判断是否为闰年。

（4）计算身体质量指数。身体质量指数（BMI）与人的体重和身高相关，是目前国际常用的衡量人体胖瘦程度，以及判断人体是否健康的标准。BMI 的定义及其判断人体胖瘦程度的标准如表 4-3 所示。

表 4-3　BMI 的定义及其判断人体胖瘦程度的标准

BMI 的定义	BMI 判断人体胖瘦程度的标准	
	国内 BMI	分类
体重（kg）除以身高（m）的平方得出的数值	<18.5	偏瘦
	18.5～24	正常
	24～28	偏胖
	≥28	肥胖

获取用户输入的体重和身高，输出 BMI（保留两位小数）和胖瘦程度。

第 5 章　函数与模块

本章主要介绍函数的编写与调用，以及常用模块及其导入，以函数、参数、变量的作用域和模块等相关知识为主。通过学习与练习，读者可以发现通过使用函数，程序的编写、阅读、测试、修改都会变得更加容易。

5.1　函数

5.1.1　函数的概述

1. 什么是函数

函数是事先组织好的、可重复使用（重用）的、用来实现单一或关联功能的代码。如果需要执行一个特定的任务，则可以先定义函数，再调用该函数。

2. 函数的作用

函数可以用来定义可重用的代码，以及组织并简化代码，能提高应用的模块性和代码的重复利用率，也有助于提高代码的整洁度，使代码更容易被理解。

3. 函数的分类

在 Python 中，函数可以分为 4 类。

（1）系统内置函数，如 print() 函数、input() 函数、abs() 函数、int() 函数等，在程序中可以直接使用。

（2）标准库（又被称为"内置模块"）函数，如 math、random、time 等内置模块中的函数。在安装 Python 时，这类函数可以通过 import 语句导入相应的内置模块，然后使用其中定义的函数。

（3）第三方库（又被称为"第三方模块"）函数，如 Pandas、NumPy、requests、jieba 等第三方模块中的函数。这类函数需要下载后安装到 Python 的安装路径下才能使用，不同的第三方模块的安装及使用方法不同，同样可以通过 import 语句导入模块，然后使用其中定义的函数。

（4）用户自定义函数。本章重点讨论用户自定义函数的使用方法。

【例 5-1】不使用函数，分别对 1～10、12～19、23～28 的整数求和。

程序代码如下：

```
sum = 0
for i in range(1, 11):
        sum += i
print("对 1~10 的整数求和：", sum)


sum = 0
for i in range(12, 20):
        sum += i
print("对 12~19 的整数求和： ", sum)


sum = 0
for i in range(23, 29):
        sum += i
print("对 23~28 的整数求和： ", sum)
```

运行结果如下：

```
对 1~10 的整数求和：  55
对 12~19 的整数求和：  124
对 23~28 的整数求和：  153
```

【例 5-2】使用函数，分别对 1~10、12~19、23~28 的整数求和。

程序代码如下：

```
def sum(a, b):                #定义一个 sum()函数
        result = 0
        for i in range(a, b+1):
                result += i
        return result


def main():                #定义一个 main()函数
        print("对 1~10 的整数求和： ", sum(1, 10))
        print("对 12~19 的整数求和： ", sum(12, 19))
        print("对 23~28 的整数求和： ", sum(23, 28))


main()                #调用 main()函数
```

上述程序代码中，1~5 行定义了一个包含两个参数 a 和 b 的 sum()函数。7~10 行定义了一个 main()函数，它通过调用 sum(1, 10)函数、sum(12, 19)函数和 sum(23, 28)函数，分别计算 1~10、12~19、23~28 的和。运行结果如下：

```
对 1~10 的整数求和：  55
对 12~19 的整数求和：  124
对 23~28 的整数求和：  153
```

根据【例 5-1】和【例 5-2】可知，函数是为了实现一个操作而集合在一起的代码块。接下来介绍如何定义和使用函数，以及如何应用抽象的函数解决复杂的问题。

5.1.2　函数的定义

1.　自定义函数的规则

定义一个函数，表达自己想要的功能，需要遵循以下规则。

（1）函数以 def 关键字开头，后接函数标识符名称和小括号"()"。

（2）任何传入参数和自变量都必须放在小括号内，小括号之间可以定义参数。

（3）函数中的第一行代码可以选择性地使用文档字符串，用于存放函数说明。

（4）函数内容以冒号":"开始，并注意缩进。

（5）return [返回值]用于结束函数，选择性地返回一个值。如果没有 return 语句，则返回 None。

2.　自定义函数的语法格式

```
def 函数名(参数):
     "函数——文档说明"
     代码块
     return [返回值]
```

（1）在默认情况下，参数值和参数名是按照函数声明中定义的顺序匹配而来的。

（2）参数，可以是一个参数列表，是函数调用时传递而来的值。如果有多个参数，则需使用逗号","隔开。这里的参数被称为"形式参数"，简称"形参"。

（3）返回值，可以是一个返回值列表，是执行完函数后返回的具体值。如果有多个返回值，则需使用逗号","隔开，且要求主程序中有多个变量来接收这些返回值。

（4）函数的命名应该符合标识符的命名规则，可以由字母、下画线和数字组成，不能以数字开头，不能与关键字重名。

自定义函数说明如图 5-1 所示。需要注意的是，参数和返回值都是可选的，即函数可以不含参数，也可以不含返回值。当 return 语句中有指定返回值时，返回的就是指定的值。当没有 return 语句时，函数运行结束会默认返回一个 None 作为返回值，其类型是 NoneType，与 return 语句、return None 语句等效，都是返回 None。

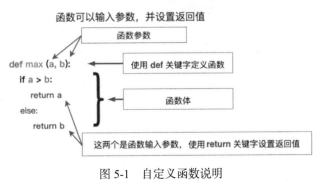

图 5-1　自定义函数说明

3. 自定义函数的使用

【例 5-3】自定义一个求和的 sum()函数，参数传递 a 和 b，计算 a～b 的整数和后返回计算结果。

程序代码如下：

```
def sum(a, b):                    #自定义一个 sum()函数
    "自定义一个 sum()函数"
    result = 0
    for i in range(a, b+1):
        result += i
    return result
```

【例 5-4】自定义一个计算面积的 Get_area()函数，参数传递矩形的宽 width、高 height，计算矩形的面积后返回计算结果。

程序代码如下：

```
def Get_area(width, height):
    "计算矩形面积：宽 width，高 height"
    area = width * height
    return area
```

5.1.3 函数的调用

在函数定义中，定义了函数需要做什么。如果想要使用函数解决一个具体的问题，则需要调用该函数。换句话而言，函数需要先定义后调用。

1. 带参数的函数

【例 5-5】调用【例 5-4】中带有返回值的函数，计算宽为 71、高为 23 的矩形面积（不考虑单位）。

程序代码如下：

```
#定义面积函数
def Get_area(width, height):
    "计算矩形面积：宽 width，高 height"
    area = width * height
    return area

#调用面积函数
Get_area(71, 23)

#显示结果
Area = Get_area(71, 23)
print('矩形面积为：', Area)
```

Get_area(71, 23)语句就是对有返回值的 Get_area()函数的调用，运行结果如下：

矩形面积为：1633

根据【例 5-5】可知，如果 return 语句中指定了返回值，则返回其值。如果函数带有返回值，则对该函数的调用通常会将该函数当作一个值来处理。【例 5-5】便调用了 Get_area()函数的返回值，并将该值赋给 Area。

2．不带参数的函数

【例 5-6】调用没有返回值的函数，计算宽为 71、高为 23 的矩形面积（不考虑单位）。

程序代码如下：

```
#定义面积函数
def Get_area(width, height):
    "计算矩形面积：宽 width，高 height"
    area = width * height
    print('矩形面积为：', area)

#调用面积函数，并显示结果
Get_area(71, 23)
```

Get_area(71, 23)语句就是对无返回值的 Get_area()函数的调用，运行结果如下：

矩形面积为：1633

根据【例 5-6】可知，如果 Get_area()函数中没有 return 语句，则该函数没有返回值。需要注意的是，并不是所有的函数都需要返回值，部分函数只需要在内部进行一些处理，必要时可以直接通过 print()函数输出信息，此时就不需要返回值。如果 Python 函数没有返回值，则不需要使用 return 语句。

5.2 参数

函数的作用取决于其处理参数的能力。学习函数的参数，需要掌握参数的传递和参数的分类。

以函数中参数的传递本质为依据，可以将函数的参数分为实参与形参。其中，形参是函数定义中的形式参数，只有在被赋值时才具有实际意义；而实参则是函数调用时实际使用的参数。

以语法和调用方式为依据，函数的参数可以分为必备参数、默认参数、关键字参数和不定长参数。

从本质上来看，函数中参数的传递是从实参到形参的赋值操作。

5.2.1 参数的传递

根据第 2 章内容已知，字符串、元组和数字是不可变参数，而列表、字典等则是可变参数。

1. 传递不可变参数

在 Python 函数中，可以将传递不可变参数理解为一种值传递，如整数、字符串、元组的传递。例如，执行 CheckID(a)语句，将只传递 a 的值，不会影响 a 本身。如果使用 CheckID(a)语句在其内部修改 a 的值，则会新生成一个 a。

【例 5-7】设 a 为整数，查看函数调用前后 a 的 ID 的变化。

程序代码如下：

```
#通过 id()函数来查看 a 的 ID 的变化

def CheckID(a):
    print(id(a))     #指向同一个 a
    a=10
    print(id(a))     #新生成一个 a

a=2
print(id(a))
CheckID(a)
```

运行结果如下：

```
94918598988288
94918598988288
94918598988544
```

根据【例 5-7】可知，在调用函数前后，形参和实参指向的都是 a（a 的 ID 相同）；在函数内部修改形参后，形参会指向不同的 ID。

2. 传递可变参数

在 Python 函数中，可以将传递可变参数理解为一种引用传递，如列表、字典的传递。例如，执行 Check_Change(a)语句，会将 a 真正地传递过去，修改之后，Check_Change(a)语句外部的 a 也会受到影响。

【例 5-8】定义 mylist 为可变参数，查看函数内与函数外取值。

程序代码如下：

```
#修改列表
def Check_Change( mylist ):
    "修改传入的列表"
    mylist.append([1,2,3,4])
```

```
    print ("函数内取值: ", mylist)
    return

#调用 Check_Change()函数
pre_list = [11,22,33]
Check_Change( pre_list )
print ("函数外取值: ", pre_list)
```

运行结果如下:

```
函数内取值: [11, 22, 33, [1, 2, 3, 4]]
函数外取值: [11, 22, 33, [1, 2, 3, 4]]
```

根据【例 5-8】可知,传入函数的参数和在末尾添加新参数,用的是同一个引用。如果在函数内部修改了可变参数,则在调用该函数时,原始的参数也会被修改。

5.2.2 必备参数

在 Python 中,定义一个函数时可以不为它设置形参。如果设置了形参,则在调用函数之时必须向这个形参传入对应的值。这种必须传入的参数即必备参数,又被称为"位置参数"。需要注意的是,在调用设置了形参的函数时一定要向必备参数传值,否则会报错。

【例 5-9】函数中必备参数的使用。

程序代码如下:

```
#必备参数的使用
def add(a, b):
    return a + b

sum = add(1, 2)
print(sum)          #必须传入参数
#print()            #不传入参数会报错
```

根据【例 5-9】可知,add()函数中有两个参数,分别是 a 和 b。传入的两个整数,按照位置顺序依次赋值给 a 和 b, a 和 b 就是必备参数。

在使用必备参数时需要注意,必须将它们以正确的顺序传入函数;在调用函数时,传递的参数个数必须等于函数中定义的参数个数。如果传递的参数个数不等于函数中定义的参数个数,则在运行时会报错。例如,将【例 5-9】中的 sum = add(1,2)语句修改为 sum = add(1, 2, 3)语句,运行时就会报错。

5.2.3 默认参数

在调用函数时,如果没有传递参数,则会使用默认参数。函数参数的定义需要使用赋值运算符"="为它赋值。在调用函数时,如果没有向这个参数传值,则参数的实际值为默认值。在需要频繁调用函数时，使用默认参数可以简化函数的调用。

【例 5-10】函数中默认参数的使用。

程序代码如下：

```
#默认参数的使用
def test(a, b=3):
    print("a、b 的值分别为：", a, b)


test(5)        #没有传入 b 参数，使用默认值
test(7, 1)     #传入 b 参数
```

运行结果如下：

```
a、b 的值分别为：5 3
a、b 的值分别为：7 1
```

在使用默认参数时需要注意，形参的顺序是必备参数在前，默认参数在后，否则会报错；当函数有多个参数时，需要将变化大的参数放在前面（因为修改的概率较大），变化小的参数放在后面。需要注意的是，默认参数只能出现在参数列表的最右侧。

5.2.4　关键字参数

在定义时，可以将关键字参数设置为必备参数和默认参数。函数中的参数是按顺序传递的，关键字参数可以在调用函数时直接指定使用参数名传值，从而确定传入的参数。使用关键字参数，允许在调用函数时参数的顺序与声明时的顺序不一致，因为 Python 可以使用参数名来匹配参数。

【例 5-11】函数中关键字参数的使用。

程序代码如下：

```
#关键字参数的使用
def test(a,b):
    "输出信息"
    print("a、b 的值分别为：", a,b)
    return


test(b=20, a=90)
```

运行结果如下：

```
a、b 的值分别为：90 20
```

5.2.5　不定长参数

不定长参数的介绍通过【例 5-12】与【例 5-13】来引出。

【例 5-12】假设需要一个对两个数求和的函数，可以使用代码来实现。

程序代码如下：

```
#设计一个对两个数求和的函数
def add2num(a, b):
    return a + b

add2num(1, 2)
```

【例 5-13】假设需要一个对 3 个数求和的函数，同样可以使用代码来实现。

程序代码如下：

```
#设计一个对 3 个数求和的函数
def add3num(a, b, c):
    return a + b + c

add3num(1, 2, 3)
```

假设现在需要一个对 4、5、…、n 个数求和的函数，可以通过上述方式设计函数，但显然很麻烦，这时便可以使用不定长参数来实现。利用不定长参数，可以只编写一个求和的 add() 函数，但函数中参数的个数是不确定的，这样就可以对其进行重复使用。

Python 中的不定长参数有两类，一类是列表，另一类是字典。

列表类不定长参数的语法格式如下：

```
def 函数(*args):
    函数体
```

（1）该函数被设定为能够接收不定长参数。

（2）args 的类型是元组，当调用该函数时，所有的参数都被合并到一个元组中。

（3）合并后的元组被赋值给 args，通过访问 args，可以访问传递的参数。

（4）args 也可以更改为其他参数名，在参数名前添加特殊分隔符 "*"（如*a），可以通过*a 接收多个不确定个数的位置参数。

字典类不定长参数的语法格式如下：

```
def 函数(**kwargs):
    函数体
```

（1）在参数名前添加两个特殊分隔符 "**"，表示函数可以接收关键字参数。

（2）该函数被设定为能够接收关键字参数。

（3）kwargs 的类型是字典，当调用该函数时，所有的关键字参数都被合并到一个字典中。

（4）合并后的字典被赋值给 kwargs，通过访问 kwargs，可以访问传递的参数名和参数值。

（5）在参数名前添加两个特殊分隔符"**"（如**a），可以通过**a 接收多个不确定个数的关键字参数。

（6）如果函数想要接收任意类型和个数的参数，则其语法格式如下：

```
def 函数名(*par，**pars)
```

【例 5-14】列表类不定长参数的使用。

程序代码如下：

```
def power(*a):
    i = 1
    for x in a:
        i *= x
    print(i)

power(1,2,3,4)
```

运行结果如下：

```
24
```

【例 5-15】字典类不定长参数的使用。

程序代码如下：

```
def power(**a):
    print(a)

power(a = 1,b = 2,c = 3,d = 4)
```

运行结果如下：

```
{'a': 1, 'b': 2, 'c': 3, 'd': 4}
```

【例 5-16】如果想要限制关键字参数名，则在定义函数时，使用特殊分隔符"*"，分隔符后面的参数即命名关键字参数。例如，只接收 city 和 job 作为关键字参数。

程序代码如下：

```
def person(name, age, *, city, job):
    print(name, age, city, job)

person('ChenJian ', 22, city='Beijing ', job='IT')
```

运行结果如下：

```
ChenJian   22 Beijing   IT
```

根据【例 5-16】可以明确以下几点。

（1）与关键字参数**kwargs 不同，命名关键字参数需要使用一个特殊分隔符"*"。而所谓命名关键字参数，即特殊分隔符后面的参数。

（2）命名关键字参数必须传入参数名，这与位置参数不同。如果没有传入参数名，则在调用函数时会报错。

（3）如果在调用函数时缺少 city 和 job 两个参数名，则 Python 解释器会将 name、age、city 和 job 均视为位置参数，但 person() 函数仅接收 name 和 age 这两个位置参数。

【例 5-17】如果函数定义中已经有了一个不定长参数，则后面跟着的命名关键字参数就不再需要特殊分隔符了。

程序代码如下：

```
def person(name, age, *args, city, job):
    print(name, age, args, city, job)

person('ChenJian ', 22, city='Beijing ', job='IT')
```

运行结果如下：

```
ChenJian   22 () Beijing   IT
```

【例 5-18】如果很多值都是不定长参数，则可以将默认参数放于 *args 之后；但是如果有 **kwargs，则必须将 **kwargs 放在最后。

程序代码如下：

```
#组合参数示例
def func(a, b, c, d, *args, e=1, f=2, **kwargs):
    print(a, b, c, d, e, f, kwargs)

func(11, 22, 33, [4,5,6], name='Tom', age=18)
```

运行结果如下：

```
11 22 33 [4, 5, 6] 1 2 {'name': 'Tom', 'age': 18}
```

【例 5-18】中的 kwargs 是字典。关键字参数既可传递，又可不传递。传递参数时需要传递键值对，如果要传递字典，则需要在字典前面添加两个特殊分隔符 "**"，表示将这个字典中的所有键值对当作独立的关键字参数（变成 key = value）传入 kwargs，而修改 kwargs 不会影响原来的字典。

5.3　变量的作用域

在使用 Python 定义一个变量时，这个变量是有作用范围的。变量的作用范围即作用域。

根据定义变量位置的不同，可将变量分为局部变量与全局变量两类。在调用函数时，所有函数中定义的变量都将被添加到变量的作用域中。

5.3.1 局部变量

局部变量是指在函数内部定义的变量,只能在对其进行定义的函数内部被访问,与函数外部具有相同名称的其他变量没有任何关系。

【例 5-19】访问局部变量。

程序代码如下:

```
def test():
        age=18          #局部变量
        print(age)      #在函数内部访问局部变量


test()
#print(age)          #在函数外部访问局部变量会报错
```

不添加最后一行代码的运行结果如下:

```
18
```

如果添加最后一行代码则会报错,程序代码如下:

```
Traceback (most recent call last):
    File "script.py", line 7, in <module>
        print(age)          #在函数外部访问局部变量
NameError: name 'age' is not defined
```

根据【例 5-19】可知,函数中定义的变量在函数内部可以被访问,但无法在函数外部被访问。

5.3.2 全局变量

全局变量是指在函数外部定义的变量可以在对其进行定义的函数内部被访问,也可在其他模块或函数中被访问。在默认情况下,函数内部只能获取全局变量,而不能修改全局变量的值。如果想要在函数中修改全局变量,则需要使用 global 关键字来声明。

【例 5-20】访问全局变量(1)。

程序代码如下:

```
age=11              #全局变量
def test():
    age=22          #局部变量,但与全局变量重名
    print(age)      #在函数内部访问的是局部变量


test()
print(age)          #在函数外部访问的是全局变量
```

运行结果如下:

```
22
11
```

根据【例 5-20】可知，函数内部访问的变量是 age=22；函数外部访问的变量是 age=11。说明对于相同变量名，在函数内部修改变量值时，不会改变全局变量的值。

【例 5-21】访问全局变量（2）。

程序代码如下：

```
age=11
def test():
        global age          #声明 age 为全局变量
        age +=22            #在函数内部修改全局变量的值
        print(age)          #在函数内部访问局部变量

test()
print(age)
```

运行结果如下：

```
33
33
```

根据【例 5-21】可知，在函数内部使用关键字声明变量后，函数中对全局变量的修改在整个程序内都有效。需要注意的是，在一个函数中修改全局变量的做法并不可取，这样会增加程序的出错率。

▽ 5.4 模块

使用 Python 解释器编写程序，如果退出 Python 解释器，则再次进入 Python 解释器时，之前定义的所有函数和变量都会消失。针对这一问题，可以把这些被定义的函数和变量存放在文件中，供一些脚本或者交互式的解释器实例使用。这个文件被称为"模块"。

模块（module）是一个包含所有定义的函数和变量的.py 文件。它可以被其他程序引入，从而让这些程序使用该模块中的函数等功能。所以，在 Python 中，一个.py 文件内部可以放置很多函数，这样的一个.py 文件就被称为一个"模块"。如果这个.py 文件的文件名为"module.py"，则模块名是"module"。当一个模块编写完成后，就可以被其他程序引用。

在编写 Python 程序时，也经常引用其他模块，包括 Python 内置的模块和来自第三方的模块。模块还可以避免函数名和变量名发生冲突，因为相同名称的函数和变量完全可以分别存放在不同的模块中。但是也应尽量不与内置函数名相同。为了避免不同的人编写的模块名相同，Python 引入了按路径来组织模块的方法。

在 Python 中，模块一般有 4 种形式。

（1）自定义模块。如果用户自己编写一个.py 文件，并在文件内定义了多个函数，则它被称为"自定义模块"，即使用 Python 编写的.py 文件。

（2）第三方模块。已被编译为共享模块或 DLL 的 C 语言或 C++语言扩展，如 requests。

（3）内置模块。使用 C 语言编写并链接到 Python 解释器中的内置模块，如 time。

（4）包（文件夹）。将一系列模块组织在一起的文件夹被称为"包"。该文件夹下有一个 __init__.py 文件。

Python 中的命名空间（Name Space）是从名称到对象的映射，大部分命名空间都是通过 Python 字典来实现的。命名空间提供了一种避免对象名冲突的方法。各个命名空间是独立的，没有任何关系，所以一个命名空间内的对象不能有重名，但不同命名空间中的对象可以重名，且相互之间没有任何影响。

5.4.1　模块的导入

模块的导入比较常见，包括导入模块、导入模块中的函数、导入模块中的所有函数。模块的导入常通过 import…语句和 from…import…语句来实现。

1．使用 import…语句导入模块

语法格式如下：

```
import  模块名 1[，模块名 2[，…模块名 N]
```

（1）在调用使用 import…语句导入的模块时需要添加前缀。

（2）在使用 import…语句首次导入模块时，会发生以下事件。

- 以模块为依据创建一个模块的命名空间。
- 执行模块对应的文件，将执行过程中产生的模块名全部放入模块的命名空间。
- 在当前执行文件中获取一个模块名。

注意：模块的重复导入会直接引用已有文件，而不会重复执行对应文件。

保存 module.py 文件的程序代码如下：

```
#module.py 文件的内容
print('from the module.py')
money = 1000
def read1():
    print('module 模块：', money)
def read2():
    print('module 模块')
    read1()
```

```
def change():
    global money
    money = 0
```

【例 5-22】使用 import…语句导入模块。

程序代码如下：

```
#module.py 文件
import module          模块无须重复导入
money = 2023
module.read1()         #'module 模块：2022'
module.change()
print(module.money)
print(money)
```

运行结果如下：

```
from the module.py
module 模块： 2022
0
2023
```

【例 5-23】使用 import…语句导入模块，并将其重命名。

程序代码如下：

```
#module.py
#import 模块名 as 别名
import module as sm
money = 2024
sm.money
sm.read1()
sm.read2
sm.change()
print(money)
```

运行结果如下：

```
from the module.py
module 模块： 2022
module 模块
module 模块： 2022
2024
```

当然，也可以一次性导入多个模块，多个模块之间使用逗号","分隔，如 import 模块名 1,模块名 2,…, 模块名 N。

程序代码如下：

```
import module, time, os
```

建议使用如下方式导入多个模块：

```
import module
import time
import os
```

2. 使用 from…import…语句导入模块

语法格式如下：

```
from 模块名 import 函数 1[, 函数 2[, … 函数 N]]
```

（1）使用 from…import…语句不会把整个模块导入当前的命名空间，只会将模块中的一个或多个函数导入命名空间。

（2）在调用使用 from…import…语句导入的模块时不需要添加前缀。

（3）在使用 from…import…语句首次导入模块时，会发生以下事件。

- 以模块为依据创建一个模块的命名空间。

- 执行模块对应的文件，将执行过程中产生的模块名全部放入模块的命名空间。

- 在当前执行文件的命名空间中获取一个模块名，该模块名直接指向某个模块，意味着可以不添加任何前缀而直接使用对应模块。不添加前缀，代码更加精简，但容易与当前执行文件的命名空间中的模块名发生冲突。

【例 5-24】使用 from…import…语句导入模块。

程序代码如下：

```
from module import money,read1
money = 10
print(money) #10
```

运行结果如下：

```
from the module.py
10
```

将一个模块中的所有对象导入当前的命名空间也是可行的。

程序代码如下：

```
from 模块名 import *
```

此处提供了一个简单的方法来导入一个模块中的所有对象，但这种方法不该被过多地使用。如果想要一次性导入 math 模块中的所有对象，则可以使用 from math import *语句来实现。

5.4.2 常用模块

Python 中有很多模块，常用模块如表 5-1 所示。

表 5-1　Python 中的常用模块

序　号	模 块 名 称	说　　明
1	os	用于 Python 和操作系统的交互
2	sys	用于访问 Python 解释器自身使用和维护的变量，同时，提供了部分函数，可以与 Python 解释器进行比较深度的交互
3	random	用于生成随机变量
4	turtle	Python 内置的海龟绘图模块，用于绘制图像
5	time	提供各种操作时间的函数
6	string	用于对字符串进行操作
7	urllib	用于网络请求的模块
8	re	用于匹配字符串（动态、模糊匹配），爬虫用得多
9	math	用于处理常用的数学计算

5.4.3　模块的安装

1. 模块的安装方法

在 Python 中，模块的安装方法有很多。下面介绍常用的安装方法。

（1）单文件模块安装方法。

下载模块文件，直接将文件复制到安装路径 python_dir/Lib 中。

（2）多文件模块安装方法，需要模块自带 setup.py 文件。

下载模块包，进行解压，打开模块所在的文件夹，执行 python setup.py install 命令。

（3）easy_install 安装方法。

easy_install 是一个 Python 的扩展包，主要用于简化 Python 对第三方安装包的安装。在安装了 easy_install 之后，安装第三方安装包时只需要执行 easy_install packagename 命令，程序会自动搜索相应版本的安装包并配置各种文件，节省了手动下载与安装的时间。基本步骤为首先下载 ez_setup.py 文件，然后执行 python ez_setup 命令，进行 easy_install 的安装，最后使用 easy_install 安装第三方安装包。

（4）pip 安装方法。

在 Python 中，安装第三方模块是通过包管理工具 pip 完成的。

先进行包管理工具 pip 的安装，通常将其安装在 scripts 文件夹下。除了 pip，还有 pip 3 或者其他的 pip 版本。pip 的常用执行命令包括以下几种。

- 安装：pip install PackageName。
- 更新：pip install -U PackageName。
- 移除：pip uninstall PackageName。

- 搜索：pip search PackageName。

- 帮助：pip help。

例如，在安装 pillow 时，可以执行 pip install pillow 命令。在下载并安装之后即可使用 pillow。

2. 模块的搜索路径

当试图加载一个模块时，Python 会在指定的路径下搜索对应的.py 文件，如果找不到，则会报错。

程序代码如下：

```
>>> import mymodule
Traceback (most recent call last):
  File "<stdin>", line 1, in <module>
ImportError: No module named mymodule
```

在默认情况下，Python 解释器会搜索当前路径、所有已安装的内置模块和第三方模块，并将搜索路径存放于 sys 的 path 变量中。

程序代码如下：

```
>>> import sys
>>> sys.path
['',
'/Library/Frameworks/Python.framework/Versions/3.4/lib/python34.zip',
'/Library/Frameworks/Python.framework/Versions/3.4/lib/python3.4',
'/Library/Frameworks/Python.framework/Versions/3.4/lib/python3.4/plat-darwin',
'/Library/Frameworks/Python.framework/Versions/3.4/lib/python3.4/libdynload',
'/Library/Frameworks/Python.framework/Versions/3.4/lib/python3.4/site-packages']
```

如果需要添加新的搜索路径，则可以通过两种方法来实现。

第一种方法是直接修改 sys.path，添加需要搜索的路径。

程序代码如下：

```
>>> import sys
>>> sys.path.append('/Users/michael/my_py_scripts')
```

这种方法是在程序运行的过程中进行修改的，运行结束后会失效。

第二种方法是设置 pythonpath，这是一个环境变量，其内容会被自动添加到模块的搜索路径中。pythonpath 的设置方法与 path 的设置方法类似。注意只需要添加新的搜索路径，Python 本身的搜索路径不会受到影响。

5.5　本章案例

【案例 5-1】函数与模块的综合练习。

在 turtle 中，可以开发可重用的函数来简化代码。

一些领域的工作人员经常需要在两点之间绘制一条直线；在一个指定位置显示文本或一个点；绘制一个指定圆心和半径的圆；或者创建一个指定中心、宽和高的矩形等。上述工作可以通过程序来完成，如果将其写成可重用的函数，则会简化程序设计。

首先，在一个名为"useful_functions"的模块中定义可重用的函数。然后，编写一个测试程序，调用 useful_functions 中的函数，绘制一条直线，绘制一个文本字符串，以及绘制一个点、一个圆形和一个矩形。

下面介绍详细的实现方案。

（1）在 useful_functions 中定义可重用的函数。

程序代码如下：

```
#在 useful_functions 中定义可重用的函数
#导入 turtle
import turtle
#绘制一条从（x1,y1）到（x2,y2）的直线
def drawLine(x1,y1,x2,y2):
    turtle.penup()
    turtle.goto(x1,y1)
    turtle.pendown()
    turtle.goto(x2,y2)
#在（x,y）处绘制一个文本字符串
def writeText(s,x,y):
    turtle.penup()
    turtle.goto(x,y)
    turtle.pendown()
    turtle.write(s)
#在（x,y）处绘制一个点
def drawPoint(x,y):
    turtle.penup()
    turtle.goto(x,y)
    turtle.pendown()
    turtle.begin_fill()
    turtle.circle(3)
    turtle.end_fill()
#以（x,y）为圆心，指定半径绘制一个圆形
```

```
    def drawCircle(x = 0,y = 0,radius = 10):
        turtle.penup()
        turtle.goto(x, y-radius)
        turtle.pendown()
        turtle.circle(radius)
#在（x,y）处绘制一个具有指定宽和高的矩形
    def drawRectangle(x = 0,y = 0,width = 10,height = 10):
        turtle.penup()
        turtle.goto(x + width / 2,y + height / 2)
        turtle. pendown()
        turtle.right(90)
        turtle.forward(height)
        turtle.right(90)
        turtle.forward(width)
        turtle.right(90)
        turtle.forward(height)
        turtle.right(90)
        turtle.forward(width)
```

（2）编写一个测试程序，调用 useful_functions。

```
#调用 useful_functions
import turtle                         #导入 Python 中的 turtle
from useful_functions import *        #导入自定义的 useful_functions 中的所有函数
#绘制一条从（-50,-50）到（50,50）的直线
drawLine(-50,-50,50,50)
#在（-50,-60）处绘制一个文本字符串
writeText("Testing useful turtle functions",-50,-60)
#在（0,0）处绘制一个点
drawPoint(0,0)
#以（0,0）为圆心绘制一个圆形
drawCircle(0,0,80)
#以（0,0）为中心绘制一个矩形
drawRectangle(0,0,60,40)
turtle.hideturtle()
turtle.done()
```

在上述程序代码中，from useful_functions import *语句中的星号"*"表示导入
useful_functions 中的所有函数；drawLine(-50,-50,50,50)语句用于调用 drawLine()函数，绘
制一条直线；writeText("Testing useful turtle functions",-50,-60)语句用于调用 writeText()函
数，绘制一个文本字符串；drawPoint(0,0)语句用于绘制一个点；drawCircle(0,0,80)语句用
于绘制一个圆形；drawRectangle(0,0,60,40)语句用于绘制一个矩形。

运行结果如图 5-2 所示。

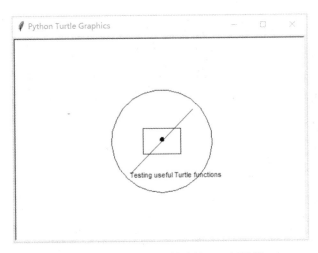

图 5-2　函数与模块的综合练习运行结果

5.6　本章小结

本章主要对函数、参数、变量及模块等相关内容进行介绍，通过本章的学习，读者可以掌握以下内容。

（1）程序模块化和重用性。这是程序设计的核心目标之一，函数可以实现这个目标。

（2）认识函数。函数将具有独立功能的代码块组织为一个小模块，在需要时调用。函数的使用包括两个步骤，即定义函数（封装独立的功能）与调用函数（享受封装的成果）。在编写程序时，使用函数可以提高编写的效率及代码的重用性。

（3）Python 函数的定义。由 def 开始，紧接函数名和形参，最后以冒号":"结束。形参是可选的，即函数可以不包含任何形参。

（4）Python 函数的调用。函数在被定义后不会自动执行，只有在被调用后，函数才会被执行。调用函数很简单，使用函数名()语句即可完成对函数的调用。使用 Python 需要注意，在定义函数之前，不允许调用该函数。

（5）正确使用参数。在调用函数时，需要正确调用函数的名称和参数。传递给函数的参数必须和函数内定义的形参在数量、类型和顺序上保持一致。

（6）Python 定义函数时可以组合使用必备参数、默认参数、关键字参数和不定长参数。但是需要注意的是，参数定义的顺序按照优先级从高到低排列，必须是必备参数、默认参数、不定长参数、关键字参数。

（7）根据定义变量位置的不同，可将变量分为局部变量与全局变量两类。需要注意的是，变量必须在使用前被创建。

（8）局部变量。在函数内部定义的变量，只能被对其定义的函数访问。

（9）全局变量。在所有函数外部定义的变量，可以被所有函数访问。

（10）Python 模块。将一些常用的函数放在一个.py 文件中，这个文件就被称为"模块"。

（11）Python 模块的使用。通常将程序分成若干个文件，可以让程序的结构更加清晰，方便管理。这时不仅可以把这些文件当作脚本来执行，还可以将它们当作模块导入其他模块，实现功能的重复利用。

（12）Python 模块的常用类型。一是内置模块（又被称为"标准库"）。此类模块是由 Python 解释器提供的，如 time、os。Python 中有很多内置模块，每个模块又有很多功能。二是第三方模块。这些模块必须通过 pip install 命令来安装，如 Beautiful Soup、Django 等。三是自定义模块。用户自己在项目中定义的一些模块。

（13）函数与模块的意义。当实现一个程序时，使用自上向下或自下向上的编程方法，不需要一次性编写整个程序。这种方法看似耗时，因为要反复地检查、调试和运行程序，但从结果上来看，它是省时和易于调试的。

习题

1.（判断）在开发程序时，使用函数可以提高程序的编写效率及代码的重用性。

2.（判断）调用函数很简单，使用函数名()语句即可完成对函数的调用。

3.（判断）在使用 Python 开发程序时，局部变量在函数内部使用，其影响及作用域仅限于函数内部，在函数外使用局部变量是非法的。

4.（判断）如果 Python 将一些函数放在一个.py 文件中，则这个文件就是一个模块。

5.（编程）定义一个带如下函数头的函数，调用该函数，计算长为 10、宽为 20、高为 30 的长方体的表面积和体积（不考虑单位）。

```
def cube(length, width, height):
    """计算长方体的表面积和体积"""
```

6.（编程）定义一个带如下函数头的函数，调用该函数，计算一个整数列中各数之和。

```
def sumDigits(n):
    """计算一个整数列中各数之和"""
```

提示：使用百分号"%"提取末位数，使用双斜线"//"去掉末位数。循环重复上述过程直到提取完所有整数。

要求：编写程序，提示用户输入一个整数列，并计算这个整数列中所有数之和。

7.（编程）编写程序，查找给定序列中差值最小的两个数。

要求：使用 random 随机生成一个序列，输出序列中差值最小的两个数。

8.（编程）编写程序，接收一个 max 参数（max 不小于 1000），利用该函数输出 100～max 之间的水仙花数。

提示：自幂数是指一个 n 位数，它的各位上数的 n 次方之和等于它本身。例如，当 n 为 3 时，有 $1^3 + 5^3 + 3^3 = 153$，153 即 n 为 3 时的一个自幂数。三位数的自幂数被称为"水仙花数"。四位数的自幂数被称为"四叶玫瑰数"。

9.（编程）编写程序，实现在控制台中输出 3 遍古诗《劝学》，并使用 55 个星号"*"分隔每次的输出结果。

要求运行结果如下：

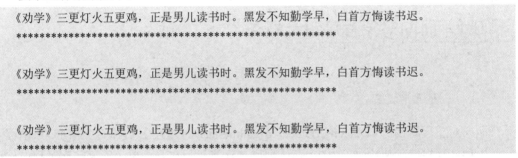

《劝学》三更灯火五更鸡，正是男儿读书时。黑发不知勤学早，白首方悔读书迟。
****

《劝学》三更灯火五更鸡，正是男儿读书时。黑发不知勤学早，白首方悔读书迟。
****

《劝学》三更灯火五更鸡，正是男儿读书时。黑发不知勤学早，白首方悔读书迟。
****

10.（编程）编写程序，使用 quadratic()函数来接收 3 个参数，输出一元二次方程 $ax^2 + bx + c = 0$ 的两个解。

第 6 章　面向对象程序设计

本章将详细介绍 Python 的面向对象程序设计，以及类和对象、类属性和实例属性、构造方法和析构方法等相关知识。通过本章内容，读者可以发现在 Python 中创建一个类和对象是很容易的，并能深刻体会 Python 面向对象程序设计的封装、继承、多态 3 个特性。

6.1　面向对象程序设计概述

6.1.1　基本概念

面向对象程序设计（Object-Oriented Programming，OOP），又被称为"面向对象编程"。它是一种计算机编程架构，它的一个基本原则是计算机程序是由单个能够起到子程序作用的单元或对象组合而成的。

面向对象程序设计主要用于实现使用对象创建程序。对象代表现实世界中可以被明确辨识的实体，例如，一个教室、一名学生、一个按钮、一支笔等都可以被视作对象。

对象有其自身的特性、状态和行为。

（1）一个对象的特性就像一个人的身份证号码。Python 会在运行时自动为每个对象赋予一个独特的 ID 来辨识这个对象。

（2）一个对象的状态（属性）是用变量表示的，被称为"数据域"。例如，一个矩形对象有 width 和 height 两个数据域，表示矩形的两个属性。

（3）Python 使用方法来定义一个对象的行为。通过调用对象上的方法，可以让对象完成某个动作。例如，为圆形定义 getArea()方法和 getPerimeter()方法。这样，圆形就可以调用 getPerimeter()方法来返回它的周长。

早期的编程语言多是面向过程的，由多个过程组合在一起。由于 Python 在设计时面向的是对象，因此 Python 是一种面向对象的编程语言。在 Python 中，所有类型的数据都可以被视作对象，当然也可以自定义对象。

6.1.2　与面向过程程序设计的区别

面向过程程序设计是先分析解决问题所需要的步骤，再依次调用对应的函数逐步实现这些步骤；面向对象程序设计是把构成问题的项目分解成多个对象。建立对象的目的不是为了完成一个步骤，而是为了描述某个项目在解决整个问题的步骤中的行为。

不同于面向过程程序设计（Procedure-Oriented Programming，POP）的以过程为中心的编程思想，面向对象程序设计的中心思想是通过调用对象来实现想要实现的目的，两者的区别如表 6-1 所示。面向对象程序设计的思想是一种更加符合人们思想习惯的思想，它可以将复杂的事情简单化，同时将设计者从执行者转变为指挥者。

表 6-1　面向对象程序设计与面向过程程序设计的区别

名　　称	面 向 对 象	面 向 过 程
思想	将现实世界中的所有项目抽象为程序设计中的对象	以过程为中心，针对解决问题的步骤，依次进行函数的调用
优点	易扩展、易维护、代码重用性强	开销小、性能高
缺点	开销稍大、性能稍低	不易扩展、不易维护、灵活性差
适用场景	适用于复杂、大型的项目	适用于底层项目

6.1.3　主要特性

面向对象程序设计使得程序重用性、灵活性和扩展性更强，其核心思想是封装、继承、多态，以类和对象为重点。Python 是一种面向对象的程序设计语言，主要包括封装、继承、多态 3 个特性。

1．封装

封装是将重复的代码通过一种方法编写为一个可以被直接调用的类，省去了烦琐的编程过程。封装可以使代码实现高内聚、低耦合，这种状态也是封装的基本目标。用户不需要知道对象是如何进行各种操作的，只需要调用封装后类的对象来进行想要的操作。

封装的目的在于简化程序的操作步骤，使代码变得更加有效，复用性更强。另外，封装可以将不需要对外提供的内容隐藏起来，并隐藏其属性（关键字，private），提供公共方法对其进行访问。这使得用户不能直接访问程序的详细细节，从而提高程序的安全性。

例如，用户购买了一台计算机，计算机内部包括电路板、线路等结构。由于用户并不需要知道计算机的内部结构和使用原理，因此这些结构被封装在机体内部，并在机体外部提供一些接口供用户连接。在编写程序时，封装的理念同样会被用到。对于一些内容，很多时候程序并不提供接口来使用它们，它们属于内部的构造，是不可变的、被程序封装的内容。

2．继承

继承是两个或两个以上的类之间的关系，是指子类包含父类所有的属性，但子类自身还可以有其他属性。继承有单继承和多继承之分，单继承是指一个对象仅仅从另外一个对象中继承其相应的属性；多继承是指一个对象可以同时从另外两个或者两个以上的对象中继承所需要的属性，并且不会发生冲突。

继承在实现代码的重用性和维护性的同时，使得类和类之间的依赖性更强，即继承也增强了代码的耦合性。软件的设计原则是高内聚，低耦合。其中，耦合是指一个类要实现某项功能需要依靠其他一些类；内聚是指一个类单独实现某项功能的能力。

例如，可以把汽车视作一个对象，比亚迪、宝马、大众等品牌的汽车都继承了汽车的全部属性。这里可以把汽车视作一个类，如果为汽车定义在地面行驶、4 个轮胎的属性，则当宝马汽车继承这个类时，宝马汽车就获得了在地面行驶、4 个轮胎的属性；如果为汽车定义高速行驶的属性，则宝马汽车也会继承它高速行驶的属性。在使用继承关系的时候，汽车被称为"父类"，而继承而来的宝马汽车被称为"子类"或者"派生类"。

3. 多态

继承是多态的前提。多态是指调用名称相同的方法，但是得到的结果是不同的。多态是作用于方法之上的，它并不作用于类或对象之上，也不是对象中的属性。多态的产生是因为程序有时需要分别应对各种情况，其在增加代码灵活性的同时可以满足用户的需求。要产生多态，就必须实现方法重写（当子类中出现了和父类中完全相同的方法时，声明就会发生方法重写，子类的方法覆盖父类的方法），或者实现方法重载（允许一个类中同时出现多个名称相同的方法，只要参数的个数或参数的类型不同即可）。多态在提高代码扩展性的同时也拥有继承的特点（重用性和维护性）。

例如，可以为汽车定义两个属性，一个是在柏油路上行驶，一个是在沙土路上行驶，而这两个属性又都包括可载人。因此，在定义子类的继承时，就可以定义两种子类，一种是可载人且在柏油路上行驶的汽车，一种是可载人且在沙土路上行驶的汽车。这种一个类衍生出多个子类，且这些子类既有公共属性，又有私有属性的方式被称为"多态"。

6.1.4　常用术语

（1）类。用来描述具有相同属性和方法的对象的集合。它定义了该集合中每个对象共有的属性和方法。对象是类的实例。

（2）类变量。类变量在整个实例化的对象中是公用的。类变量在类中、函数体之外被定义。类变量通常不作为实例变量使用。

（3）数据成员。类变量或者实例变量，用于处理类及其实例化对象的相关的数据。

（4）方法。类中定义的函数。

（5）方法重写。如果从父类中继承的方法不能满足子类的需求，则可以对其进行改写，这个过程被称为"方法的覆盖"，又被称为"方法的重写"。

（6）局部变量。定义在方法中的变量，只作用于当前实例的类。

（7）实例变量。在类的声明中，属性是用变量来表示的。这种变量被称为"实例变量"，是在类声明的内部但是在类的其他成员方法之外声明的。

（8）实例化。创建一个类的实例，是类的具体对象。

（9）对象。通过类定义的数据结构实例，包括两个数据成员（类变量和实例变量）和方法。

6.2　类和对象

面向对象程序设计最重要的概念即类（Class）和对象（Object）。Python 中的对象和实例（Instance）一般是可互换的，对象就是实例，而实例就是对象。

6.2.1　类

1. 类的理解

在 Python 中，一个类会使用变量来存储数据域，通过定义方法来完成动作。类就是一份模板，它定义对象的数据域和方法。对象是类的一个实例，可以创建一个类的多个实例。创建类的一个实例的过程被称为"实例化"。

本书前面章节介绍的数据类型都属于类。类是 Python 的基本构造，在类中包含很多方法。类是抽象的模板，而实例是根据类创建出来的具体的对象，每个对象都拥有相同的方法，但各自的数据可能不同。

例如，可以把所有汽车视作一个类，也可以把所有飞机视作一个类。类是一种比较抽象的概念。用户需要根据实际情况来定义类。

2. 类的创建

类的定义使用的是 class 关键字，语法格式如下：

```
class ClassName:          #class 之后为类名，以冒号 ":" 结尾，类名首字母一般大写
"'类文档字"'               #写入的帮助理解这个类的信息
class_suite               #类体，由变量、方法、数据属性等构成
```

class_suite 为类中的类体，包含变量、方法和属性等内容。在定义类时，如果暂时不需要添加内容，则可以使用 pass 语句充当占位语句。

【例 6-1】定义一个简单的 School 类。

程序代码如下：

```
class School:             #定义一个 School 类
    "'定义一个学校类"'
    pass
```

```
school = School()              #调用 School 类
print(type(school))            #查看类型
```

运行结果如下:

```
<class '__main__.School'>
```

根据结果可知,School 为一个类。

3. 类的特殊方法

在创建类的时候,往往会创建一个__init__()方法。__init__()是一种特殊的方法,被称为"构造方法"或"初始化方法",当创建了这个类的实例时就会调用该方法。该方法中必须包含一个 self 参数,也必须是第一个参数。self 参数是指向实例本身的,它可以访问类中存在的属性和方法。self 参数代表类的实例,其在定义类的方法时是必须存在的,虽然在调用时不必传入相应的参数。

注意:self 参数代表类的实例而非类。类的方法与普通的函数只有一个特殊的区别,即 init 前后都有双下画线"__"。在类的方法中,双下画线必须有一个额外的参数名,按照惯例,该参数名为"self"。

【例 6-2】School 类中__init__()方法的调用。

程序代码如下:

```
#定义一个 School 类
class School:
    '''定义一个学校类'''
    def __init__(self):
        print('这里调用的是__init()__方法')


#定义 school 实例,调用 School 类
school = School()
```

运行结果如下:

```
这里调用的是__init()__方法
```

4. 类中参数的传递

在函数中,参数的传递是定义在函数名内的。而在类中,则通过__init()__方法进行参数的传递。

【例 6-3】在 CetAge 类中,通过__init__()方法进行参数的传递。

程序代码如下:

```
#定义一个 GetAge 类
```

```
class GetAge:
    def __init__(self,name,age):
        self.name = name
        self.age = age
        print('%s 的年龄为%d'%(name,age))

#调用类，向类中传入具体的参数
GetAge('张同学',18)
```

根据【例 6-3】可知，self 参数是必不可少的，而且需要以第一个参数的形式出现。另外，在调用这个类时，__init__()方法中包含的参数个数（除 self 参数外），必须等于实际参数传递的个数。

运行结果如下：

```
张同学的年龄为 18
```

5. 类的自定义方法

类的使用经常需要自定义方法。

【例 6-4】在 Library 类中自定义方法。

程序代码如下：

```
#定义一个 Library 类
class Library:
    def __init__(self,name,id,age):
        self.name = name
        self.id = id
        self.age =age

    def borrow(self,bookname):    #自定义一个 borrow()方法
        self.bookname = bookname
        print('%s 借阅了书籍--%s'%(self.name,self.bookname))
        print('借阅者学号为%d，年龄为%s'%(self.id,self.age))
        print('借书成功！')

#调用 Library 类，使用其中的方法
Zhang = Library('张同学',2023,18)
Zhang.borrow('Python 程序设计')
```

首先，由于在__init__()方法中定义了 3 个参数，分别为 name、id 和 age，因此在使用类的方法时，传递了 3 个实参。然后，定义 Zhang 实例，对 Library 类进行调用，由于__init__()方法是初始构造方法，因此在 borrow()方法中可以直接使用__init__()方法中的数据。最后，当 Zhang 实例使用 borrow()方法时，会调用构造方法中的信息完成借书操作。

运行结果如下：

张同学借阅了书籍--Python 程序设计
借阅者学号为 2023，年龄为 18
借书成功！

6.2.2 对象

生活中到处都是对象。计算机、手机、书架、书等都是对象，它们是实际存在的物体。对象包括两个部分，分别为属性与行为。

例如，某人买了一部手机，手机的材质是它的属性，当手机被用来打电话时是它的行为。

创建类对象又被称为"类的实例化"。定义的类只有在被实例化之后，也就是该类在被用来创建对象之后，才能得到利用。

对已经定义好的类进行实例化，语法格式如下：

类名(参数)

定义类时，如果没有直接添加__init__()方法，或者添加的__init__()方法中仅有一个self参数，则创建类对象时的参数可以省略。

对于实例化后的类对象，可以访问或修改其实例变量；可以添加新的实例变量或删除已有的实例变量；可以调用类对象的方法（现有的方法及为类对象动态添加的方法）。

类对象访问类中的实例变量，语法格式如下：

类对象名.变量名

类对象调用类中的方法，语法格式如下：

类对象名.方法名(参数)

【例 6-5】类对象的使用。

程序代码如下：

```python
#定义一个 Python_info 类
class Python_info:
    #定义两个类，分别为 name 与 add
    name = "PYTHON 程序语言"
    add = "2023 年第一版"
    def __init__(self,name,add):
        #定义两个实例，分别为 self.name 与 self.add
        self.name = name
        self.add = add
        print(name,"出版日期：",add)

    #定义一个 say()方法
    def say(self, content):
```

```
        print(content)

#将 Python_info 类对象赋给 python_info 变量
python_info = Python_info("PYTHON 程序语言，","2023 年第一版")

#调用 Python_info 类对象，调用类中的实例
#输出 name 参数和 add 参数的值
print(python_info.name,python_info.add)

#调用 Python_info 类的 say()方法
python_info.say("人生苦短，我用 Python")
#再次输出 name 参数和 add 参数的值
print(python_info.name,python_info.add)
```

运行结果如下：

```
PYTHON 程序语言，  出版日期：  2023 年第一版
PYTHON 程序语言，  2023 年第一版
人生苦短，我用 Python
PYTHON 程序语言，  2023 年第一版
```

6.2.3　类和对象的关系

使用通用类来定义相同类型的对象。类和对象的关系与菠萝派食谱和菠萝派之间的关系类似。可以根据一份菠萝派食谱（类）制作（定义）任意数量的菠萝派（对象）。

类和对象的关系包括以下几点。

（1）类是生成对象的模板。类是对象的抽象；对象是类的具体实例。

（2）类是抽象的；对象是具体的。

（3）每个对象都是某个类的实例。

（4）每个类在某一时刻都有零个或更多对象。

（5）类是静态的，它们的存在、语义和关系在程序执行之前就已经被定义好了；对象是动态的，它们在程序执行时可以被创建和删除。

6.3　类属性和实例属性

6.3.1　类属性

类属性是指类对象拥有的属性，它被所有类对象的实例化对象所共有。类对象和实例化对象均可访问类属性。类属性是在类中各个类方法外部定义的变量，又被称为"类变量"。

Python 中调用类属性的语法格式如下：

```
类名.属性名
```

【例 6-6】类属性的调用。

程序代码如下：

```
#定义一个 Python_info 类
class Python_info :
    #定义两个类
    name = "PYTHON 课程"
    add = "2023 年"
    #定义一个 say()实例方法
    def say(self, content):
        print(content)
```

上述程序中，name 参数和 add 参数就是两个类属性。类属性的特点是所有类的实例化对象都同时共享类属性。也就是说，类属性在所有实例化对象中是作为公用资源存在的。类方法的调用方式有两种，一种是使用类名直接调用，另一种是使用类的实例化对象调用。

【例 6-7】接【例 6-6】中的程序，通过类名调用类属性，并修改类属性的值。

程序代码如下：

```
#使用类名直接调用类属性
print(Python_info.name)
print(Python_info.add)


#修改类属性的值
Python_info.name = "Python 教程"
Python_info.add = "https://www.baidu.com//python"
print(Python_info.name)
print(Python_info.add)
```

运行结果如下：

```
PYTHON 课程
2023 年
Python 教程
https://www.baidu.com//python
```

6.3.2　实例属性

实例属性是指实例化对象拥有的属性，只能通过实例化对象访问，又称为"实例变量"。实例属性是在任意类方法内部使用 self.变量名语句定义的变量，其特点是只作用于调用方法的对象。需要注意的是，实例属性只能通过变量名访问，无法通过类名访问。

Python 中调用实例属性的语法格式如下：

实例.属性名

【例 6-8】实例属性的调用。

程序代码如下：

```python
#定义一个 Python_info 类
class Python_info :
    def __init__(self):
        self.name = "Python 程序设计"
        self.add = "https://www.baidu.com//python"
    #定义一个 say()方法
    def say(self):
        self.authorAge = 33


python_eg001 = Python_info()
print(python_eg001.name)
print(python_eg001.add)
#print(python_eg001.authorAge)    #由于 python_eg001 对象未调用 say()方法，因此其没有 authorAge
实例属性，执行此行代码会报错


python_eg002 = Python_info()
print(python_eg002.name)
print(python_eg002.add)
python_eg002.say()               #只有调用 say()方法，才会拥有 authorAge 实例属性
print(python_eg002.authorAge)    #不会报错
```

在 Python_info 类中，name 参数、add 参数及 authorAge 参数都是实例属性。其中，由于__init__()方法在创建类对象时会自动调用，而 say()方法需要类对象手动调用，因此 Python_info 类中的类对象都会包含 name 和 add 两个实例属性，而只有调用了 say()方法中的类对象，才包含 authorAge 实例属性。因为通过类对象修改类属性的值，不是在对类属性赋值，而是定义新的实例变量。所以通过类对象可以访问类属性，但无法修改类属性的值。

运行结果如下：

```
Python 程序设计
https://www.baidu.com//python
Python 程序设计
https://www.baidu.com//python
33
```

【例 6-9】类属性和实例属性的综合调用与修改。

程序代码如下：

```python
#定义一个 Fish 类
class Fish:
    #类属性
```

```
        name = "小鱼"
        #实例属性
        def __init__(self, weight):
            self.weight = weight
        def swim(self):
            print("鱼，会在水里游!")


#定义实例
fish = Fish(2.023)
f__h = Fish(2.023)


#调用类属性
print(Fish.name)          #输出：小鱼
print(fish.name)          #输出：小鱼


#调用实例属性
print(fish.weight)        #输出：2.023
#print(Fish.weight)       #类不能访问实例属性，会报错 AttributeError: type object 'Fish' has no attribute
'weight'


#修改类属性
Fish.name = "刀鱼"
fish.name = "草鱼"        #在通过实例修改类的属性时，不是实例修改了类属性，只是为当前实例动态
地添加了一个属性
print(Fish.name)          #输出：刀鱼
print(fish.name)          #输出：草鱼
print(f__h.name)          #输出：刀鱼（其他实例访问的还是类原来的属性）


#修改实例属性
fish.weight = 20.23
Fish.weight = 202.3
print(fish.weight)        #输出：20.23
print(Fish.weight)        #输出：202.3
```

运行结果如下：

```
小鱼
小鱼
2.023
刀鱼
草鱼
刀鱼
20.23
202.3
```

根据【例 6-9】可知以下两点。

（1）调用类属性和实例属性。类属性可以使用类名来调用（推荐），也可以使用实例名来调用（不推荐）；实例属性可以使用实例名来调用（推荐），但不可以使用类名来调用（报错）；在项目中，类属性一般使用类名来调用，实例属性一般使用实例名来调用。

（2）修改类属性和实例属性。类可以修改类属性，而实例在修改类属性时，其实是动态地为当前实例添加了一个属性，其他实例不能访问修改后的值；实例可以修改实例属性，类也可以修改实例属性；在项目中，一般通过类名来修改类属性，同时，通过实例名来修改实例属性。

需要注意的是，在类中，类属性和实例属性可以同名，但这种情况下使用类对象将无法调用类属性，它会调用实例属性，此即不推荐使用实例名调用类属性的原因。

6.4　方法

6.4.1　方法与函数的区别

本书前面的章节已经对函数进行了相应的介绍。函数封装了一些独立的功能，可以被直接调用，能传递一些参数进行处理，并返回一些参数（返回值），也可以没有返回值。可以直接在模块中对函数进行定义与调用，并且所有传递给函数的参数都是显式传递的。函数的调用使用函数名()语句来实现。

方法和函数类似，同样封装了独立的功能，但是方法只能依靠类或者对象（实例）来调用，即方法是属于对象的函数。在模块中，类中声明的方法必须导入对应的类，之后才可以通过定义实例并使用实例名或者类名来调用该方法。方法的调用使用实例名.方法名语句或者类名.方法名语句来实现。

【例 6-10】使用类名调用类属性，并修改类属性的值。

程序代码如下：

```
#导入模块
from types import MethodType, FunctionType

#定义一个 Fun 类
class Fun(object):
    def __init__(self):
        self.name= "haiyan"

    def func(self):
        print(self.name)
```

```
#定义 obj 实例
obj = Fun()
print(isinstance(obj.func,FunctionType))     #False
print(isinstance(obj.func,MethodType))       #True，表明这是一种方法

print(isinstance(Fun.func,FunctionType))     #True，表明这是一个函数
print(isinstance(Fun.func,MethodType))       #False
```

运行结果如下：

```
False
True
True
False
```

根据【例 6-10】可知，类对象调用的是方法，类调用的是函数。

6.4.2　方法的分类

Python 中在全局作用域内定义的函数被称为"函数"，在类中定义的函数被称为"方法"。根据不同的定义方式，类方法的类型也不相同。Python 中的方法主要包括类方法、静态方法、实例方法 3 种类型。

1．类方法

在定义类方法时，需要使用@classmethod 装饰符进行修饰，且至少有一个参数。这个参数表示类本身，在调用时不需要传入参数。

【例 6-11】类方法的调用。

程序代码如下：

```
#定义类方法
class Method:
    #类构造方法，也属于实例方法
    def __init__(self):
        self.name = "Python 课程"
        self.add = "2023 年"

    @classmethod
    def class_method(cls):
        print("正在调用：类方法",cls)

#使用类名直接调用类方法
Method.class_method()
#定义实例，并使用实例名调用类方法（不推荐）
```

```
foo = Method()
foo.class_method()
```

注意：如果没有@classmethod 装饰符，则 Python 解释器会将 class_method()方法视作实例方法，而不是类方法。在 Python 的类方法中，默认使用的第一个参数是 cls 参数；而在实例方法中，一般使用 self 参数作为第一个参数。类方法推荐使用类名直接调用，也可以使用实例名来调用。

运行结果如下：

```
正在调用：类方法 <class '__main__.Method'>
正在调用：类方法 <class '__main__.Method'>
```

2. 静态方法

在定义静态方法时需要使用@staticmethod 装饰符进行修饰，不需要声明参数，可以使用类名及实例名将其调用。静态方法与函数的区别在于静态方法定义在类这个空间（类命名空间）中，而函数则定义在程序所在的空间（全局命名空间）中。静态方法没有类似 self 参数、cls 参数这样的特殊参数，因此 Python 解释器不会对它包含的参数进行任何类或实例的绑定。所以，类的静态方法中无法调用任何类属性和类方法。

【例 6-12】静态方法的调用。

程序代码如下：

```
#定义静态方法
class Method:
    @staticmethod
    def static_method(name,add):
        print(name,add)


#使用类名直接调用静态方法
Method.static_method("Java 语言","http://www.net//java")
#定义实例，并使用实例名调用静态方法
foo = Method()
foo.static_method("Python 语言","http://www.net/python")
```

静态方法的调用，既可以通过类名来实现，又可以通过实例名来实现。

运行结果如下：

```
Java 语言  http://www.net//java
Python 语言  http://www.net/python
```

3. 实例方法

通常，在类中定义的方法默认都是实例方法。类的构造方法是一种特殊的实例方法。实例方法最大的特点在于至少包含一个 self 参数，用于绑定调用此方法的实例化对象

（Python 会自动完成绑定）。Python 中通常会使用实例名直接调用实例方法，也支持使用类名调用实例方法（需要手动传入 self 参数）。

【例 6-13】实例方法的调用。

程序代码如下：

```
#定义实例方法
class Method:
    #类构造方法，也属于实例方法
    def __init__(self):
        self.name = "C 语言中文网"
        self.add = "http://c.biancheng.net"

    #定义一个 instance_method()实例方法
    def instance_method(self):
        print("正在调用  instance_method() 实例方法")

#定义实例，并使用实例名直接调用实例方法
foo1 = Method()
foo1.instance_method()

#使用类名调用实例方法，需手动传入 self 参数
foo2 = Method()
Method.instance_method(foo2)
```

运行结果如下：

```
正在调用  instance_method() 实例方法
正在调用  instance_method() 实例方法
```

6.5 构造方法和析构方法

Python 中有两种特殊的方法，分别为__init__()方法和__del__()方法。

6.5.1 构造方法

1. 定义

__init__()方法是类的构造方法，可以作为实例化设置的初始值而存在，也可以在初始化对象时对必须用到的属性、方法进行定义，在实例化时自动调用。

__init__()方法中的第一个参数默认永远是 self 参数，表示创建实例本身。在__init__()方法中，可以将各种属性与 self 参数绑定，self 参数指向创建的实例本身。在使用__init__()

方法创建实例时，不能传入空参数，必须传入与__init__()方法匹配的参数，但不需要传入 self 参数。Python 解释器自己会传入实例变量。

使用__init__()方法的语法格式如下：

```
def __init__():
    pass
```

2. 作用

在使用__init__()方法实例化一个对象时，该方法会在定义实例时自动被调用。实例化一个对象就是定义一个实例，会调用__init__()方法。在定义实例时，可以传入参数，这些参数被传入__init__()方法，可以通过重写方法来自定义实例的初始化操作。

【例 6-14】__init__()方法的调用。

程序代码如下：

```
#定义一个 Student 类，初始化 name 参数和 age 参数的属性。定义实例，并在调用 test()方法后，返回定义实例的属性。
class Student():
    #构造方法
    def __init__(self,name,age):
        print('运行：构造方法')
        self.name = name
        self.age = age

    def test(self):
        print('运行：自定义方法')
        return self.name,self.age

student = Student('张三','18')
print(student.test())
```

运行结果如下：

```
运行：构造方法
运行：自定义方法
('张三', '18')
```

【例 6-15】调用构造方法，定义实例。

程序代码如下：

```
class Boy:
    def __init__(self,name):        #构造方法
        self.name = name
    def sports(self):
        self.action = '打篮球'
```

```
        print(self.action)

boy_one = Boy('小明')
print(boy_one.name)                    #定义实例时构造方法自动被调用
print(boy_one.action)
```

在运行【例 6-15】中的最后一行代码时，由于 sports()方法未被执行，因此直接执行 boy_one.action 语句会报错，程序的运行结果会提示 "AttributeError: 'Boy' object has no attribute 'action'"，即实例没有该属性。这时可以通过下面两种方法解决这一问题。

（1）在定义实例后，先调用 sports()方法，再使用 action 属性。

程序代码如下：

```
class Boy:
    def __init__(self,name):            #构造方法
        self.name = name
    def sports(self):
        self.action = '打篮球'
        #print(self.action)

boy_one = Boy('小明')
print(boy_one.name)                    #在定义实例时，构造方法自动被调用
boy_one.sports()                       #先调用 sports()方法
print(boy_one.action)                  #再使用 action 属性
```

运行结果如下：

```
小明
打篮球
```

（2）将 sports()方法放在构造方法中，这样在定义实例时构造方法会自动被调用。

程序代码如下：

```
class Boy:
    def __init__(self,name):            #构造方法
        self.name = name
        self.sports()                   #将 sports()方法放在构造方法中
    def sports(self):
        self.action = '打篮球'
        #print(self.action)

boy_one = Boy('小明')
print(boy_one.name)                    #在定义实例时构造方法自动被调用
print(boy_one.action)                  #生成 boy_one.action 属性
```

运行结果如下：

小明
打篮球

6.5.2　析构方法

1．定义

__del__()方法是类的析构方法，是在变量被删除时自动调用的方法。

析构方法释放内存，有两种方法，分别为使用 del()方法手动释放与系统自动释放。当使用 del()方法删除变量时，会调用析构方法。另外，当变量在某个作用域中被调用完毕并跳出其作用域时，析构方法也会被调用一次，这样可以用来释放内存。

使用__del__()析构方法的语法格式如下：

```
def __del__():
    pass
```

2．作用

析构方法的主要作用是销毁/删除临时变量，即对长期占用内存的临时变量进行销毁。__del__()方法是可选的，如果不提供__del__()方法，则 Python 会在后台提供默认的析构方法。如果要显式调用析构方法，则可以使用 del 关键字来实现，语法格式如下：

```
del  对象名
```

析构方法与构造方法相反，当变量结束其生命周期（如变量所属方法已经调用完毕）时，系统会自动执行析构方法，析构方法常用来做清理工作。

【例 6-16】调用析构方法，手动释放内存。

程序代码如下：

```
#析构方法：手动释放内存
class Student():
    def __init__(self,name,age):
        print('运行：构造方法')
        self.name = name
        self.age = age

    def test(self):
        print('运行：自定义方法')
        return self.name,self.age

    def __del__(self):
        #析构方法
        print('释放内存')
```

```
student_one = Student('李三','28')
del student_one        #调用__del__()方法，手动释放内存


def run():
    student_two = Student('李三','28')
    print(student_two.test())


run()
```

运行结果如下：

```
运行：构造方法
释放内存
运行：构造方法
运行：自定义方法
('李三', '李四')
释放内存
```

【例 6-17】调用析构方法，系统自动释放内存。

```
#析构方法：系统自动释放内存
class Student():
    def __init__(self,name,age):
        print('运行：构造方法')
        self.name = name
        self.age = age


    def test(self):
        print('运行：自定义方法')
        return self.name,self.age


    def __del__(self):
        #析构方法
        print('释放内存')


student_one = Student('李四','38')


def run():
    student_two = Student('李四','38')
    print(student_two.test())


run()
```

运行结果如下：

```
运行：构造方法
```

```
运行：构造方法
运行：自定义方法
('李四', '38')
释放内存
释放内存
```

注意：在使用析构方法时，手动释放内存与自动释放内存是有区别的。手动释放内存可以选择在具体的一个环节释放变量；而系统自动释放内存则是在程序调用完成后释放变量内存的，一般在程序执行的最后进行释放。

6.6　本章案例

【案例 6-1】Python 方法的综合应用：掷骰子游戏。

（1）类要求。设计一个掷骰子游戏的类。

（2）属性要求。定义一个类属性，记录游戏的历史最高分；定义一个实例属性，记录当前掷骰子的人的姓名。

（3）方法要求。使用静态方法显示游戏的帮助信息；使用类方法显示游戏的历史最高分；使用实例方法允许当前掷骰子的人开始游戏。

程序设计思路如下。

（1）设计一个掷骰子游戏的类 Game 类。考虑在 Game 类中定义两个属性和 3 种方法。

（2）在 Game 类中定义一个类属性，记录游戏的历史最高分，定义一个实例属性，记录当前掷骰子的人的姓名。

- 属性一：游戏的历史最高分 top_score。该属性与游戏类型有关，与每次的游戏并没有直接关系，故把该属性定义为一个类属性。
- 属性二：当前掷骰子的人的姓名 player_name。这是一个实例属性，使用该属性记录当前掷骰子的人的姓名。因为每次掷骰子的人的姓名可能会不同，故把掷骰子的人的姓名 player_name 属性定义为一个实例属性。

（3）定义 3 种方法，分别用来显示游戏的帮助信息、显示游戏的历史最高分、允许当前掷骰子的人开始游戏。

- 方法一：显示游戏的帮助信息 show_help。如果想要显示游戏的帮助信息，则只需要输出怎样玩游戏即可。因为该方法不需要访问实例属性或者类属性，故可以把该方法定义为一个静态的方法。
- 方法二：显示游戏的历史最高分 show_top_score。历史最高分是一个类属性，因为该方法需要访问类属性，故把该方法定义为一个类方法。

- 方法三：允许当前掷骰子的人开始游戏 start_game，该方法主要用于开始当前游戏。由于每次掷骰子的人开始游戏都需要调用该方法，因此把该方法定义为一个实例方法。

程序代码如下：

```
#掷骰子游戏
class Game(object):
    #游戏的历史最高分
    top_score = 0                          #属性一：游戏的历史最高分

    def __init__(self, player_name):
        self.player_name = player_name     #属性二：掷骰子的人的姓名

    @staticmethod
    def show_help():                       #方法一：静态方法 show_help，显示游戏的帮助信息
        print("帮助信息：查看游戏规则！")

    @classmethod
    def show_top_score(cls):               #方法二：类方法 show_top_score，显示游戏的历史最高分
        print("历史记录 %d" % cls.top_score)

    def start_game(self):          #方法三：实例方法 start_game，允许当前掷骰子的人开始游戏
        print("%s 开始游戏" % self.player_name)

#查看游戏的帮助信息
Game.show_help()

#查看游戏的历史最高分
Game.show_top_score()

#创建掷骰子的人
game = Game("Tom")

game.start_game()
```

运行结果如下：

```
帮助信息：查看游戏规则！
历史记录 0
Tom 开始游戏
```

根据【案例 6-1】可知，在实例方法内部需要访问实例属性，且可以使用类名.属性名语句来访问类属性；在类方法内部只需要访问类属性；在静态方法内部，不需要访问实例属性和类属性。

【案例 6-2】面向对象的封装、继承、多态特性综合案例：动物与人。

（1）Animal 类。因为动物可以有吃、喝、玩、睡的特性，所以在所定义的动物的类 Animal 类中，可以定义 4 种方法，分别为 eat()方法、drink()方法、play()方法、sleep()方法，并将这 4 种方法封装在 Animal 类中。

（2）Dog 类。因为狗也有吃、喝、玩、睡的特性，所以在所定义的狗的类 Dog 类中，也有 eat()方法、drink()方法、play()方法、sleep()方法，它们可以从 Animal 类中继承下来，这样就不用重新编写这部分代码了。另外，狗还有一些特殊的方法，包括叫声 bark()方法，用于封装狗的各种叫声，如被踩尾巴时的嗷嗷叫声、遇到陌生人时的露齿吼叫声、窝在地上时的嘤嘤叫声等；玩耍 game()方法等。这些狗的特殊方法同样可以被封装在 Dog 类中。

（3）Teddy 类。定义一个泰迪狗的类 Teddy 类，可以继承 Dog 类中的一些属性，并且在 Dog 类中封装 game()方法，指出"狗会玩耍"；定义 Teddy 类继承 Dog 类的属性，并且重写 game()方法，指出"喜欢与主人玩耍"；定义 Person 类，将"Teddy 狗喜欢与主人玩耍"封装在 game_with_dog()方法中，并且在方法内部直接让 Dog 类调用 game()方法。

程序代码如下：

```
#定义一个 Animal 类
class Animal:
    '''将 eat()方法、drink()方法、play()方法、sleep()方法封装在 Animal 类中'''
    def eat(self):
        print("动物会吃")

    def drink(self):
        print("动物会喝")

    def play(self):
        print("动物会玩")

    def sleep(self):
        print("动物会睡")

#让 Dog 类继承 Animal 类
class Dog(Animal):
    def __init__(self, name):
        self.name = name

    def game(self):
        print("%s  狗会玩耍" % self.name)

    def bark(self):
        print("会叫")
```

```
#让 Teddy 类继承 Dog 类
class Teddy(Dog):
    def fetures(self):
        print("食量小、运动量小")


    def game(self):
        #可以直接使用父类 Dog 中定义的 name 属性
        print("%s 喜欢与主人玩耍" % self.name)



#定义一个 Person 类
class Person(object):

    def __init__(self, name):
        self.name = name

    def game_with_dog(self, dog):          #在该方法的参数中，需要传入一个 dog 实例
        #在方法的内部，让人和狗玩耍，传入人和狗的名称
        print("%s 和%s 在快乐地玩耍" % (self.name, dog.name))

        #让狗玩耍，则调用 Dog 类中封装的 game()方法
        dog.game()

#定义一个毛毛实例
dog_name1 = Teddy('毛毛')
#teddy 能调用 Teddy 类、Animal 类、Dog 类中的方法
dog_name1.fetures()
dog_name1.bark()
dog_name1.eat()

#继续定义一个皮特实例
dog_name2 = Dog("皮特")
dog_name2 = Teddy("皮特")
#定义一个主人实例
person_name = Person("主人")
#让主人实例调用和狗玩耍的方法，传入皮特实例
person_name.game_with_dog(dog_name2)
```

运行结果如下（部分）：

```
会叫
食量小、运动量小
动物会吃
```

主人和皮特在快乐地玩耍
皮特喜欢与主人玩耍

根据【案例 6-2】可以更好地理解以下几点。

- 封装：用于根据需求将属性和方法封装到一个抽象的类中。
- 继承：用于实现代码的重用，相同的代码不需要进行重复编写。
- 多态：用于对不同的实例调用相同的方法，从而产生不同的执行结果，可以提高代码的灵活性。

6.7　本章小结

本章介绍了面向对象程序设计的概念与特性，指出其与面向过程程序设计的区别，在此基础上，重点讲解类和对象、类属性和实例属性、方法，以及构造函数和析构函数。通过本章的学习，读者可以掌握以下内容。

（1）面向对象程序设计是使用对象编写程序的过程，对象是现实世界中可以被明确辨识的实体。

（2）类是一种对象的模板、数据类型，定义了对象的属性，并提供用于初始化对象属性的方法。在类中，初始化程序总是以"__init__"命名。每种方法的第一个参数包括类中的初始化程序，它指向调用该方法的对象，并以"self"命名。

（3）对象是类的一个实例。使用构造方法来创建一个对象，使用圆点运算符"."，通过引用变量来访问对象中的成员。

（4）类属性是类对象拥有的属性，它被所有类对象的实例化对象所共有，类对象和实例化对象可以访问类属性。

（5）实例属性是实例化对象拥有的属性，只能通过实例化对象访问。实例属性或方法属于类的一个实例，它的使用和每个独立的实例相关。

（6）Python 中有两种特殊的方法，分别为__init__()方法和__del__()方法。

（7）Python 是一种面向对象的程序设计语言，具有封装、继承、多态 3 个特性。

习题

1.（选择）已知需要根据下面的程序代码定义一个 Car 实例：

```
class Car:
    def __init__(self):
    self. name="吉利汽车"
```

下列代码正确的是（　　）。

A．Car=car()　　　　B．car=car()　　　　C．car=Car()　　　　D．Car=Car()

2．（判断）类属性、实例属性的语法格式分别如下：

```
类名.属性名
实例.属性名
```

3．（判断）__init__()方法中的第一个参数默认永远都是 self 参数。

4．（判断）析构方法释放内存可以使用 del()方法手动释放，也可以系统自动释放。

5．（简答）请列举函数和方法的区别。

6．（简答）请列举面向对象程序设计与面向过程程序设计相比的优势。

7．（编程）定义一个 Circle 类，该类包含圆形的半径，以及计算圆形的周长和面积的函数。要求使用 Circle 类定义一个输入半径为 1～100 的圆形实例，并计算其周长及面积。

8．（编程）定义一个 User 类，该类包含用户名 username 和密码 password 等属性。要求定义两个用户实例，分别有不同的用户名和密码；设计一种方法，可以修改密码。

9．（编程）定义一个 Student 类，该类包含姓名 name、年龄 age、成绩 score 等属性。其中 score 属性包含语文成绩、数学成绩、英语成绩，每门课程成绩的类型为整数。在类中定义 3 种方法，分别获取学生的姓名 get_name()方法、获取学生的年龄 get_age()方法、返回 3 门课程中最高的分数 get_course()方法。要求定义两个学生实例，并返回结果。

10．（编程）定义一个 Equation 类，返回一元二次方程 $ax^2+bx+c=0$ 的两个根。Equation 类中包括代表 3 个系数的成员变量。要求定义 getDiscriminant()方法，返回判别式的值；定义 getRoot1()方法和 getRoot2()方法，返回方程的两个根，如果判别式为负，则这些方法返回 0。

第7章 图形用户界面

图形用户界面（Graphical User Interface，GUI）又被称为"图形用户接口"，它是一种人与计算机通信的显示界面，允许用户使用鼠标、键盘、触摸屏等输入设备操纵界面中的图标或菜单选项，并通过界面直接显示执行结果。

7.1 概述

GUI 是采用图形方式来显示计算机具体操作情况的用户界面，相较于早期的命令行界面和文本界面而言，GUI 更容易被用户所接受。因此，现代计算机和电子设备的操作界面都广泛使用了图形界面。

7.1.1 GUI 简介

GUI 程序是一种基于消息模型的可执行程序，它的执行依赖计算机和用户的交互，并实时响应用户对计算机进行的操作。GUI 一般由以下 5 个元素组成。

（1）组件。是指窗体中可见或不可见的，具有相应功能的控件，如输入框、按钮、单选框、复选框、菜单等，用于实现信息输入、信息处理和结果输出。

（2）窗体。是指计算机操作的用户界面。通常，所有的组件都依托窗体来显示，或者执行相关功能。

（3）属性。用于设置窗体和组件的性质，如颜色、尺寸、标题、字体等。

（4）事件。是指窗体、组件在受到外界因素（事件）触发后产生的各种动作，如鼠标单击、双击，键盘输入，触摸屏放大、缩小、关闭等。每个动作对应一类事件，通过事件触发动作。

（5）方法。是指窗体、组件自带的可以调用的函数。

7.1.2 常用的 GUI 库

随着 Python 的发展，很多优秀的 GUI 库被整合到 Python 中。目前，较为常用的 GUI 库有 tkinter、wxPython、PythonWin、Jython 等，下面主要对 tkinter 和 wxPython 进行介绍。

tkinter 又被称为"tk 接口"，是一个轻量级、跨平台的 GUI 开发工具，是 Python 的内置标准 GUI 库。tkinter 与 Python 中的 TkGUI 工具集绑定，通过内嵌在 Python 解释器中的 Tcl 解释器实现具体功能，从而实现 GUI 的设计。tkinter 的跨平台特性使其能广泛地应用于 Windows 系统、Linux 系统和 Macintosh 系统中，其中著名的 IDLE 就是通过 tkinter 来实现的。

wxPython 是开源的第三方库，作为 Python 中较为优秀的 GUI 库，可以为用户创建完整的、功能齐全的 GUI 提供便利。wxPython 具有跨平台特性，在 Windows 系统、Linux 系统和 Macintosh 系统中亦有广泛应用。

7.2 tkinter

7.2.1 窗体

在 GUI 中，窗体的出现频率非常高。使用 tkinter 进行窗体的创建一般包括以下几个步骤。

（1）导入 tkinter。因为 tkinter 是 Python 自带的 GUI 库，所以可以直接导入。

以下 3 种方式均可导入 tkinter，程序代码如下：

```
import tkinter
import tkinter as tk
from tkinter import *
```

（2）创建窗体。

程序代码如下：

```
win = tkinter.Tk()                              #创建窗体
win.title("窗体标题")                            #设置窗体标题
win.geometry("宽 x 高+水平坐标+垂直坐标")          #设置窗体的大小和位置，注意是英文字母 x
```

（3）在窗体中添加组件。

（4）窗体布局。

（5）事件处理。

（6）进入事件循环。

程序代码如下：

```
window.mainloop()
```

当窗体中的容器进入事件循环状态时，容器内部的其他图形对象会处于循环等待状态，准备接收消息，并根据消息执行相应的操作，完成某项功能。

【例 7-1】使用 tkinter 创建窗体。

程序代码如下：

```
import tkinter
```

```
window = tkinter.Tk()
window.mainloop()
```

运行结果如图 7-1 所示。

图 7-1 使用 tkinter 创建窗体

7.2.2 基本控件

控件是指对数据和方法的封装，每个控件都有自己的属性和方法。其中，属性是控件数据的简单访问者，方法是控件的可见功能。tkinter 中的基本控件如表 7-1 所示。

表 7-1 tkinter 中的基本控件

控 件	说 明
Button	按钮控件，用于显示按钮
Canvas	画布控件，用于显示图形元素，如线条或文本
Checkbutton	多选框控件，用于显示多项选择框
Entry	输入控件，用于显示简单的文本内容
Frame	框架控件，用于显示一个矩形区域，多用来作为容器
Label	标签控件，用于显示文本和位图
Listbox	列表框控件，其中的小部件用于显示字符串或列表
Menubutton	菜单按钮控件，用于显示菜单项
Menu	菜单控件，用于显示菜单栏、下拉菜单和弹出菜单
Message	消息控件，用于显示多行文本，与 Label 控件类似
Radiobutton	单选按钮控件，用于显示一个单选按钮的状态
Scale	范围控件，用于显示一个数值刻度，为输出内容限定取值范围
Scrollbar	滚动条控件，当内容超过可视化区域时使用，如列表框
Text	文本控件，用于显示多行文本
Toplevel	容器控件，用于提供一个单独的对话框，与 Frame 控件类似
LabelFrame	是一个简单的容器控件，常用于复杂的窗体布局
tkMessageBox	用于显示消息框

下面介绍几种常用的控件及其使用方法。

1. Label 控件

Label（标签）控件是 tkinter 中非常简单的控件之一，用于显示文字和图片，即展示信息。最终呈现的 Label 控件是由背景和前景叠加构成的内容，语法格式如下：

```
w=tkinter.Label(master, option=value, … )
```

- master 参数：父控件，用于放置 Label 控件。
- option 参数：可选项，即控件可设置的属性，可以通过键=值的形式来设置，也可以在创建 Label 控件之后为其指定属性，以逗号 "," 分隔。Label 控件的常用属性如表 7-2 所示。

表 7-2　Label 控件的常用属性

属　　性	说　　明
bg	用于设置背景色
font	用于设置字体
fg	用于设置前景色
height	用于设置高度，默认值是 0
image	用于设置图像
justify	用于设置对齐方式，可选值包括 LEFT、RIGHT、CENTER，默认值为 CENTER
text	用于设置文本，可以包含换行符 "\n"
underline	用于设置下画线，默认值是-1，如果设置值为 1，则是从第二个字符开始添加下画线
width	用于设置宽度，默认值是 0，自动计算，单位以像素计

【例 7-2】Label 控件的设置。

程序代码如下：

```
import tkinter
win = tkinter.Tk()
win.title("Label 控件")                    #设置窗体标题
win.geometry("200x200")                    #设置窗体的大小和位置
win.resizable(width=True,height=False)     #设置窗体是否可变，True 表示可变
l=tkinter.Label(win,text="标签",bg="snow",font=("宋体",12), width=10, height=2)
l.place(x=10,y=30)
win.mainloop()
```

运行结果如图 7-2 所示。

2．Text 控件

Text（文本）控件用于输入多行文本，支持图像、富文本等格式。使用 Text()方法创建文本框，用于数据的输入和显示，语法格式如下：

```
w=tkinter.Text(master,option=value,…)
```

- master 参数：父控件，用于放置 Text 控件。
- option 参数：可选项，可以通过键=值的形式来设置控件的属性，也可以在创建 Text 控件之后为其指定属性，以逗号 "," 分隔。

【例 7-3】Text 控件的设置。

程序代码如下：

```
import tkinter
win = tkinter.Tk()
win.title("Text 控件")          #设置窗体标题
l=tkinter.Text(win,bg="snow",font=("宋体",12), width=10, height=2)
l.insert("1.0","文本")
l.place(x=10,y=30)
win.mainloop()
```

运行结果如图 7-3 所示。

3．Button 控件

Button（按钮）控件用于创建按钮和执行用户的单击操作，是实现人机交互的主要控件。当用户单击按钮时，会触发某个事件从而执行相应的操作。当焦点位于按钮上时，按空格键或单击鼠标左键，会触发 command 事件，语法格式如下：

```
w=tkinter. Button(master, option=value, … )
```

【例 7-4】Button 控件的设置（1）。

程序代码如下：

```
import tkinter
win=tkinter.Tk()
win.title("Button 控件（1）")
win.geometry("300x200")
bt1=tkinter.Button(win,text="禁用",width=10)
bt1.pack(side="left")
bt2=tkinter.Button(win,text="开始",width=10)
bt2.pack(side="left")
bt3=tkinter.Button(win,text="确定",width=10)
bt3.pack(side="right")
win.mainloop()
```

运行结果如图 7-4 所示。

图 7-2　Label 控件的设置

图 7-3　Text 控件的设置

图 7-4　Button 控件的设置（1）

【例 7-5】Button 控件的设置（2）。

程序代码如下：

```
win=tkinter.Tk()
win.title("Button 控件（2）")
win.geometry("300x200")
def closeWin():
    if tkinter.messagebox.askokcancel("提示","是否确认退出"):
        win.destroy()
bt=tkinter.Button(win,text="关闭",command=closeWin)
bt.pack(side="top")
win.mainloop()
```

运行结果如图 7-5 所示。当单击"关闭"按钮时，打开提示界面，继续单击"确定"按钮，将窗体全部关闭。

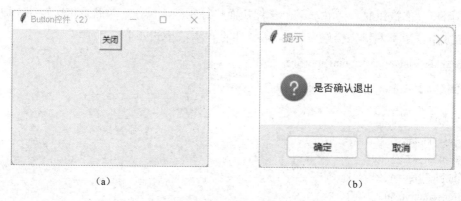

（a）　　　　　　　　　　　　　（b）

图 7-5　Button 控件的设置（2）

4．Entry 控件

Entry（输入）控件是接收输入的单行字符串的控件。当输入的字符串长度大于 Entry 控件的宽度时，字符串会自动向后滚动，此时无法全部显示所输入的字符串。Entry 控件只能使用预设字体，语法格式如下：

```
w=tkinter.Entry(master, option=value,…)
```

【例 7-6】Entry 控件的设置。

程序代码如下：

```
import tkinter.messagebox
win=tkinter.Tk()
win.title("Entry 控件")
win.geometry("300x200")
l1=tkinter.Label(win,text="用户名")
l1.grid(row=0)
l2=tkinter.Label(win,text="密　码")
```

```
l2.grid(row=1)
e1=tkinter.Entry(win,width=20)
e1.grid(row=0,column=1)
e2=tkinter.Entry(win,width=20)
e2.grid(row=1,column=1)
win.mainloop()
```

运行结果如图 7-6 所示。

Entry 控件提供了 insert()方法和 delete()方法。insert()方法用于插入内容，对其进行调用的语法格式如下：

```
insert(index,text)
```

- index 参数：表示插入内容的开始位置。

- text 参数：表示要插入的内容。

delete()方法用于删除内容，对其进行调用的语法格式如下：

```
delete(first,last=None)
```

两个参数都是整数，如果只传入一个参数，则会删除该参数指定位置的字符；如果传入两个参数，则表示删除指定范围（从 first 参数到 last 参数）的字符。使用 delete(0,END) 语句可以删除 Entry 控件中已经输入的全部字符。

5．Listbox 控件

Listbox（列表框）控件用于显示项目列表。列表框内可以包含许多选项，用户可以选择一项或多项，语法格式如下：

```
w=tkinter.Listbox(master,option,…)
```

- master 参数：父控件，用于放置 Listbox 控件。

- option 参数：常用的属性选项列表，用于设置控件的属性，使用逗号"，"分隔。

【例 7-7】Listbox 控件的设置。

程序代码如下：

```
import tkinter.messagebox
win=tkinter.Tk()
win.title("Listbox 控件")
win.geometry()
li=["C","C++","Python","Java","HTML"]
lb=tkinter.Listbox(win)
for item in li:
    lb.insert(0,item)
lb.grid()
win.mainloop()
```

运行结果如图 7-7 所示。

图 7-6　Entry 控件的设置

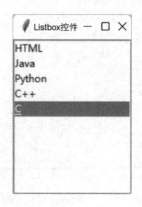

图 7-7　Listbox 控件的设置

7.2.3　布局管理器

布局是指窗体中各个控件的分布，而布局管理器是将控件放到窗体中不同位置的工具。tkinter 提供了 pack()布局管理器、grid()布局管理器、place()布局管理器实现布局。

1．pack()布局管理器

pack()布局管理器采用区块的方式组织控件，根据控件创建的顺序将控件添加到父控件内。如果没有设置任何选项，则这些控件会从上到下排列。如果想要将控件按顺序放入，则必须将这些控件设置为相同的 anchor 属性。pack()布局管理器有以下几个常用参数。

- side 参数：用于定义控件放置的位置，有 4 个值，分别为 TOP（默认值）、BOTTOM、LEFT 与 RIGHT。各值分别表示将控件放于窗体的顶部中心、底部中心、左侧中心、右侧中心。

- padx 参数、pady 参数、ipadx 参数、ipady 参数：分别用于设置控件水平方向的外边距、竖直方向的外边距、水平方向的内边距、竖直方向的内边距。

- fill 参数：用于设置控件如何填满所有剩下的空间，有 4 个值，分别为 NONE、X、Y、BOTH。此参数仅在 expand 参数的值为 1 时才起作用。上述 4 个值分别表示不填充、将控件沿水平方向填充、将控件沿竖直方向填充、将控件沿水平和竖直方向填充。

- expand 参数：如果 expand 参数的值为 1，则当窗口大小改变时，窗体会占满整个窗口的剩余空间。如果 expand 参数的值为 0，则当窗口大小改变时，窗体保持不变。

2.　grid()布局管理器

grid()布局管理器是一种非常推荐使用的布局管理器，具有灵活多变、使用便捷的特点。GUI 以矩形界面为主，可以将其划分为 $m×n$ 个小网格，并自动计算网格的尺寸，只需要根据行号和列号，将组件逐一地放到网格结构中即可。Pack()布局管理器有以下几个常用参数。

- row 参数：用于设置控件在网格结构中的第几行。
- column 参数：用于设置控件在网格结构中的第几列。
- columnspan 参数：用于设置控件在网格结构中合并的列数。
- rowspan 参数：用于设置控件在网格结构中合并的行数。

3.　place()布局管理器

place()布局管理器可以显示指定控件在窗体中的绝对地址或相对地址。place()布局管理器有以下几个常用参数。

- anchor 参数：用于设置控件的方位，值可以为 N、NE、E、SE、S、SW、W、NW 或 CENTER。默认值为 NW。
- height 参数：用于设置控件的高度，单位是像素。
- width 参数：用于设置控件的宽度，单位是像素。
- x 参数：用于设置控件的绝对水平位置，默认值为 0。
- y 参数：用于设置控件的绝对垂直位置，默认值为 0。

7.2.4　事件响应

1.　tkinter 的事件

当 GUI 运行时，大部分时间都处于消息循环过程中，等待事件的发生。当执行人机交互操作时，会触发鼠标、键盘等事件。tkinter 提供了处理相关事件的机制，便于在控件内处理这些事件，语法格式如下：

```
def function(event):
    pass
widget.bind("<event>",function)
```

- widget 参数：tkinter 控件的实例变量。
- <event>参数：事件名称。
- function 参数：事件处理程序。

当事件被调用时，tkinter 会传递给事件处理程序一个 event 变量，内含事件发生时的坐标值（鼠标事件）及 ASCII 码（键盘事件）等。

2. 鼠标事件

在 Python 中可以处理以下鼠标事件。

（1）<Enter>事件。移入控件。

（2）<Leave>事件。移出控件。

（3）<Button-1>、<ButtonPress-1>或<1>事件。单击鼠标左键。

（4）<Button-2>、<ButtonPress-2>或<2>事件。单击鼠标中键。

（5）<Button-3>、<ButtonPress-3>或<3>事件。单击鼠标右键。

（6）<B1-Motion>事件。按下鼠标左键并拖动鼠标指针。

（7）<ButtonRelease-1>事件。释放鼠标左键。

（8）<Double-Button-1>事件。双击鼠标左键。

【例 7-8】鼠标事件的设置。

程序代码如下：

```python
import tkinter
win=tkinter.Tk()
win.title("鼠标事件")
win.geometry("420x100")
l1=tkinter.Label(win,text="鼠标 X 坐标",bg="snow",font=14)
l1.pack(side="left",padx=10,pady=10)
l2=tkinter.Label(win,text="X 坐标值",bg="snow",font=14)
l2.pack(side="left",padx=10,pady=10)
l3=tkinter.Label(win,text="鼠标 Y 坐标",bg="snow",font=14)
l3.pack(side="left",padx=10,pady=10)
l4=tkinter.Label(win,text="Y 坐标值",bg="snow",font=14)
l4.pack(side="left")
def MouseLeft(event):                #事件处理函数
    l2["text"]=event.x
    l4["text"]=event.y
win.bind("<Button-1>",MouseLeft)        #单击鼠标左键
win.mainloop()
```

运行结果如图 7-8 和图 7-9 所示

图 7-8　鼠标事件的设置——初始界面

图 7-9　鼠标事件的设置——单击鼠标左键

3．键盘事件

在 Python 中，可以处理以下键盘事件。

（1）<KeyPress>事件。按下键盘上的任意键。

（2）<KeyRelease>事件。释放键盘上的任意键。

（3）<KeyPress-key>事件。按下键盘上指定的 key 键。

（4）<KeyRelease-key>事件。释放键盘上指定的 key 键。

【例 7-9】键盘事件的设置。

程序代码如下：

```python
import tkinter
win=tkinter.Tk()
win.title("键盘事件")
win.geometry("420x100")
l1=tkinter.Label(win,text="键盘字符",bg="snow",font=14)
l1.pack(side="left",padx=10,pady=10)
l2=tkinter.Label(win,text="字符",bg="snow",font=14)
l2.pack(side="left",padx=10,pady=10)
def Key(event):
    l2["text"] = event.char
win.bind("<KeyPress>",N)   #按下键盘上的 N 键
win.mainloop()
```

运行结果如图 7-10 和图 7-11 所示

图 7-10　键盘事件的设置——初始界面

图 7-11　键盘事件的设置——按下键盘上的 N 键

7.2.5　画布

tkinter 中的 Canvas（画布）控件具有两个功能，一是可以用来绘制各种图形，如弧形、线条、椭圆形、多边形和矩形等；二是可以在其上放置图片、文本、小部件或框架。通过 Canvas 控件创建一个简单的图形编辑器，可以让用户达到自定义图形的目的。就像使用画笔在画布上绘制形状一样，用户使用 Canvas 控件也可以绘制各种形状，从而有更好的人机交互体验。

Canvas 控件内容复杂，这里介绍一些基础知识。如果读者对 Canvas 控件感兴趣，则可以进一步深入了解。

1. Canvas 控件的调用

调用 Canvas 控件的语法格式如下：

```
frame = Canvas(master, option=value, … )
```

- master 参数：父控件，用于放置 Canvas 控件。
- option 参数：可选项，用于设置控件的属性。

默认的画布背景色与窗体的背景色是一样的。

【例 7-10】创建一个简单的 Canvas 画布。

程序代码如下：

```
from tkinter import *

root = Tk()
root.title('Canvas 创建画布界面')
root.geometry('400x200')
canvas_1 = Canvas(root, width=200, height=150, background='white')    #白色画布
canvas_1.pack()
root.mainloop()
```

运行结果如图 7-12 所示。

图 7-12　创建一个简单的 Canvas 画布

2. Canvas 控件的常用方法

Canvas 控件使用坐标系来确定画布中各个点的位置，默认主窗体的左上角为坐标原点；如果画布的面积大于主窗体的面积，则可以使用带滚动条的 Canvas 控件，此时以画布的左上角为坐标原点。Canvas 控件的常用方法如表 7-3 所示。

表 7-3　Canvas 控件的常用方法

方　　法	说　　明
create_line(x0, y0, x1, y1, … , xn, yn, options)	1. 根据给定的坐标值绘制一条或多条线段； 2. x0 参数、y0 参数、x1 参数、y1 参数、…、xn 参数、yn 参数定义线段中各点的坐标值； 3. options 参数表示其他可选参数
create_oval(x0, y0, x1, y1, options)	1. 绘制一个圆形或椭圆形； 2. x0 参数与 y0 参数定义绘图区域的左上角坐标值；x1 参数与 y1 参数定义绘图区域的右下角坐标值； 3. options 参数表示其他可选参数
create_polygon(x0, y0, x1, y1, … , xn, yn, options)	1. 绘制一个至少 3 个点的多边形； 2. x0 参数、y0 参数、x1 参数、y1 参数、…、xn 参数、yn 参数定义多边形中各点的坐标值； 3. options 参数表示其他可选参数
create_rectangle(x0, y0, x1, y1, options)	1. 绘制一个矩形； 2. x0 参数与 y0 参数定义矩形的左上角坐标值；x1 参数与 y1 参数定义矩形的右下角坐标值； 3. options 参数表示其他可选参数
create_text(x0, y0, text, options)	1. 绘制一个文本字符串； 2. x0 参数与 y0 参数定义文本字符串的左上角坐标值，text 参数定义文本字符串的文本内容； 3. options 参数表示其他可选参数
create_image(x, y, image)	1. 创建一张图片； 2. x 参数与 y 参数定义图片的左上角坐标值； 3. image 参数定义图片的来源，必须是 tkinter 中 BitmapImage 类或 PhotoImage 类的实例变量
create_bitmap(x, y, bitmap)	1. 创建一个位图； 2. x 参数与 y 参数定义位图的左上角坐标值； 3. bitmap 参数定义位图的来源
create_arc(coord, start, extent, fill)	1. 绘制一个弧形； 2. coord 参数定义弧形的左上角坐标值与右下角坐标值； 3. start 参数定义弧形的起始角度（逆时针方向）； 4. extent 参数定义弧形的结束角度（逆时针方向）； 5. fill 参数定义弧形的填充颜色

【例 7-11】使用 Canvas 控件绘制图形。

程序代码如下：

```
#导入 tkinter 中的所有内容
from tkinter import *

#创建主窗体 root
root = Tk()
root.title('Canvas 画图功能展示')
root.geometry('600x400')

#创建并设置 can1 画布
can1 = Canvas(root, width=500, height=350, background='white')        #白色画布
can1.pack() #can1.pack(fill=BOTH, expand=True)

#使用 Canvas 控件绘制直线与虚线
can1.create_line(20, 10, 200, 10)                                     #绘制直线
can1.create_line(20, 35, 200, 35, dash=(5, 2),fill='red')             #绘制虚线

#使用 Canvas 控件绘制矩形
can1.create_rectangle(20, 80, 100, 140, fill='red', outline='green', width=8)      #绘制矩形

#使用 Canvas 控件绘制圆形
can1.create_oval(250, 10, 380, 140, width=4, fill='lightyellow')      #绘制圆形，浅黄色填充

#使用 Canvas 控件绘制椭圆形
can1.create_oval(400, 10, 480, 140, width=4, fill='lightgreen')       #绘制椭圆形，浅绿色填充

#使用 Canvas 控件添加文本框
can1.create_text(320, 200, text='练习 CANVAS', font=('黑体', 17, 'bold'), fill='red')    #添加文本框

#使用 Canvas 控件添加各种按钮
but1 = Button(root, text="按钮", command=lambda: print('已单击 Button 按钮'))    #创建按钮
rad1 = Radiobutton(root, text='多选按钮')                             #创建多选按钮
can1.create_window(280, 280, window=but1)                            #插入按钮
can1.create_window(280, 290, window=rad1, anchor=NW)                 #插入多选按钮

root.mainloop()
```

运行结果如图 7-13 所示。

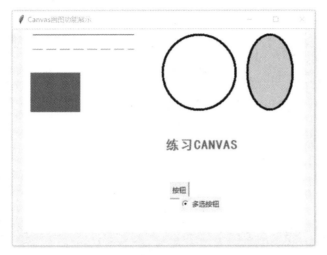

图 7-13　使用 Canvas 控件绘制图形

7.3　wxPython

7.3.1　wxPython **的安装与配置**

wxPython 是非常流行的 GUI 开发框架之一，其功能模块不能直接导入，需要使用 pip 工具安装，程序代码如下：

```
pip install -U wxPython
```

在 PyCharm 中，wxPython 安装成功界面如图 7-14 所示。

```
Collecting wxpython
 Downloading wxPython-4.2.0-cp37-cp37m-win_amd64.whl (18.0 MB)
━━━━━━━━━━━━━━━━━━━━━━━━ 18.0/18.0 MB 114.1 kB/s eta 0:00:00
Requirement already satisfied: numpy in c:\users\ling\appdata\roaming\python\python37\site-packages (from wxpython)
 (1.21.4)
1.12.0)
Installing collected packages: wxpython
```

图 7-14　wxPython 安装成功界面

安装成功后，可以使用 import wx 语句导入 wxPython 的模块。

7.3.2　**窗体的创建**

1. 使用 wx.App 的子类创建窗体

使用 wx.App 的子类创建窗体的具体步骤如下。

（1）定义子类。

（2）在子类中定义初始化 OnInit()方法。

（3）定义该类的实例。

（4）调用实例的 MainLoop()方法，该方法将程序的控制权转交给 wxPython。

【例 7-12】使用 wx.APP 的子类创建窗体。

程序代码如下：

```
import wx
class App(wx.App):
    def OnInit(self):
        frame=wx.Frame(parent=None,title="wxPython")
        frame.Show()
        return True
if __name__ =="__main__":
    app = App()
    app.MainLoop()
```

运行结果如图 7-15 所示。

图 7-15　使用 wx.APP 的子类创建窗体

2. 使用 wx.APP 直接创建窗体

【例 7-13】使用 wx.APP 直接创建窗体。

程序代码如下：

```
import wx
app = wx.App()
frame = wx.Frame(None,title="wxPython")
frame.Show()
app.MainLoop()
```

运行结果与图 7-15 相同。

7.4 本章案例

【案例 7-1】用户登录界面的设置。

需要两个 Entry 控件,分别用于输入用户名和密码,其中,密码需要隐藏显示。需要 3 个 Button 控件,分别用于创建"确定"按钮、"清除"按钮、"取消"按钮。单击"确定"按钮,退出当前界面(注:正常流程为单击"确定"按钮,验证用户名和密码,成功后进入下一个界面。由于本案例中只是单一界面,没有下一个界面,因此设置"确定"按钮和"取消"按钮执行同样的功能);单击"清除"按钮,清空输入的内容;单击"取消"按钮,退出当前界面。

程序代码如下:

```
import tkinter
win = tkinter.Tk()
win.title("用户界面")
win.geometry("400x250")
win.resizable(width=False,height=False)
'''设置 Label 控件与 Entry 控件'''
titlelab=tkinter.Label(win,text="欢迎使用登录系统",font=("NSimSun",16),fg='black')
titlelab.pack(side="top",pady=20)
namelab=tkinter.Label(win,text="用户名:",font=("NSimSun",14),fg='black')
namelab.place(x=50,y=70)
nameEty=tkinter.Entry(win,font=("NSimSun",14),width=20)
nameEty.place(x=130,y=70)
pwdlab=tkinter.Label(win,text="密    码:",font=("NSimSun",14),fg='black')
pwdlab.place(x=50,y=110)
pwdEty=tkinter.Entry(win,font=("NSimSun",14),width=20,show="*")
pwdEty.place(x=130,y=110)
 '''设置 Button 控件'''
def funOk():
    win.destroy()                                        #退出当前界面
def funClear():
    nameEty.delete(0,'end')                              #清除输入的内容
    pwdEty.delete(0,'end')
btOK=tkinter.Button(win,text='确定', font=("NSimSun",14), width=8,command=funOk)
btOK.place(x=50,y=180)
btClear=tkinter.Button(win,text='清除', font=("NSimSun",14), width=8,command=funClear)
btClear.place(x=160,y=180)
btCancel=tkinter.Button(win,text='取消', font=("NSimSun",14), width=8,command=funOk)
btCancel.place(x=270,y=180)
win.mainloop()
```

运行结果如图 7-16 所示。

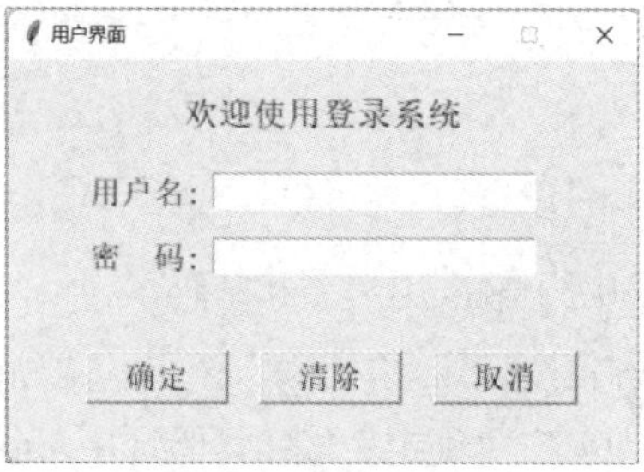

图 7-16　用户登录界面的设置

【案例 7-2】Canvas 控件的应用。

使用 Canvas 控件绘制图形，程序代码如下：

```python
from tkinter import *
root = Tk()
root.title('Canvas 综合应用')

fr1 = Frame(root, relief='ridge', borderwidth=1)                          #不设置边框的宽度
fr1.pack(fill=X)                            #如果 fill=X，则表示控件可以填满所分配空间的 X 轴
fr2 = Frame(root, relief='ridge', borderwidth=1)                          #不设置边框的宽度
fr2.pack()

var1 = StringVar()
opt1 = OptionMenu(fr1, var1, '弓形', '弧形', '扇形').pack(side=LEFT, padx=20)
var1.set('弧形')

sca1 = Scale(fr1, from_=0, to=359, orient=HORIZONTAL, label='起始偏移角度')
sca1.pack(side=LEFT, padx=20)
sca2 = Scale(fr1, from_=0, to=359, orient=HORIZONTAL, label='圆周的弧度')
sca2.pack(side=LEFT, padx=20)

def draw():
    can1.delete('all')                              #清除所有对象
    can1.create_rectangle(50, 10, 180, 140, dash=(3, 2))          #绘制正方形
    can1.create_line(115, 0, 115, 150, dash=(3, 2), fill='yellow')          #绘制水平中线
    can1.create_line(40, 75, 190, 75, dash=(3, 2), fill='yellow')          #绘制垂直中线
    a = var1.get()
    if a == '弓形':
        b = 'chord'
    elif a == '弧形':
        b = 'arc'
    elif a == '扇形':
```

```
        b = 'pieslice'

can1.create_arc(50, 10, 180, 140, style=b, start=sca1.get(), extent=sca2.get(), outline='red', width=4)
#根据参数的不同，生成弓形、弧形或扇形

but1 = Button(fr2, text=" 画：圆、弧线 ", command=draw)
but1.pack()

can1 = Canvas(fr2, width=220, height=150, background='lightblue')        #浅蓝色画布
can1.pack(fill=BOTH, expand=True)

draw()
root.mainloop()
```

运行结果如图 7-17 所示。

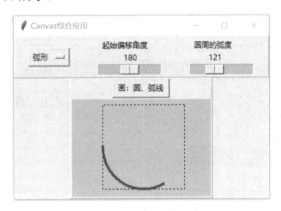

图 7-17　Canvas 控件的应用

【案例 7-3】Canvas 控件的综合应用。

使用 Canvas 控件制作一个简单的绘图软件（可以设置画笔颜色、画笔粗细，并清空画布）。

程序代码如下（代码一行写不下时，应加"/"换行）：

```
from tkinter import *
root = Tk()
root.title('Canvas 制作绘图软件')

fr1 = Frame(root, relief='ridge', borderwidth=1)        #不设置边框的宽度
fr1.pack(fill=X)

but1 = Button(fr1, text="请单击-选画笔颜色", relief='sunken', bg='lightblue', command=lambda:/
but1.config(bg=askcolor()[1]))                          #单击后弹出设置画笔颜色的界面
but1.pack(side=LEFT, padx=20)
```

```
la1 = Label(fr1, text='画笔粗细: ')
la1.pack(side=LEFT)

spin1 = Spinbox(fr1, from_=1, to=20, width=6)          #设置画笔粗细
spin1.pack(side=LEFT)

but2 = Button(fr1, text=" 清空画布 ", command=lambda: can1.delete('all'))   #清空画布
but2.pack(side=LEFT, padx=20)

can1 = Canvas(root, width=400, height=200, background='white')   #白色画布
can1.pack(fill=BOTH, expand=True)

def click(event):                                       #单击绘制一个点
    hb = int(spin1.get())
    x1, y1 = (event.x-hb), (event.y-hb)
    x2, y2 = (event.x + hb), (event.y + hb)
    can1.create_oval(x1, y1, x2, y2, fill=but1['bg'], outline=but1['bg'])   #绘制圆形并连线

can1.bind("<B1-Motion>", click)                #按下鼠标左键并拖动鼠标指针，绘制图形
can1.bind("<Button-1>", click)                          #单击鼠标左键画点

root.mainloop()
```

运行结果如图 7-18 所示。

图 7-18　Canvas 控件的综合应用

7.5　本章小结

本章主要介绍了 Python 中的 GUI，包括 GUI 的基础知识及常用的 GUI 库。进行 Python 中 GUI 的开发，可以使用很多工具来实现，如内置的 GUI 库 tkinter，以及第三方库 wxPython、PythonWin、Jython 等。本章对 tkinter 和 wxPython 进行了详细介绍。

习题

1．（判断）在创建窗体时，可以使用 import tkinter 语句导入 tkinter。

2．（判断）当使用 grid()布局管理器进行布局时，每一个网格中都可以放置一个控件。

3．（判断）使用 Canvas 控件绘制图形的方法有 create_line()方法、create_rectangle()方法、create_oval()方法、create_arc()方法、create_polygon()方法。

4．（选择）canvas.create_line(10, 20, 30, 40)语句用于绘制一条（　　）的直线。

A．从始点（10, 20）到终点（30, 40）

B．从始点（10, 30）到终点（20, 40）

C．从始点（10, 40）到终点（20, 30）

D．从始点（10, 20）到终点（40, 30）

5．（选择）canvas.create_polygon(10, 11, 20, 22, 30, 33)语句用于绘制一条（　　）的折线。

A．从始点（10, 11）到终点（30, 33）

B．从始点（10, 11）到终点（20, 22）

C．从始点（10, 20）到终点（30, 33）

D．从始点（11, 10）到终点（33, 22）

6．（简答）创建简单窗体的关键步骤有哪些？

7．（简答）GUI 运行时，消息循环的作用是什么？

8．（简答）tkinter 的事件包括哪几类？

9．（编程）编写程序，输入成绩，单击"显示"按钮，显示该成绩是否合格（60 分及以上为合格）。

10．（编程）编写程序，输入存款金额、预期年化利率和存期，单击"计算"按钮，计算出对应的存款利息，并在 GUI 中显示计算结果。

11．（编程）编写简单的计算器，用于完成加法、减法、乘法、除法运算。

12．（编程）编写程序，当单击鼠标左键时，显示鼠标指针的坐标值。

第8章 图形绘制

本章主要介绍 Python 中一个基础的图形绘制模块——turtle。在介绍 turtle 的过程中，会涉及 Python 的基本语法、函数、模块、类、对象等基础知识，这些知识已在前面章节中介绍过。

turtle 是 Python 内置的海龟绘图模块，在屏幕上显示一个海龟的图标。用户可以通过向前移动、向右旋转、向左旋转等命令移动海龟，绘制有趣的图形；还可以自定义参数，轻松绘制动画图形。

8.1 turtle 简介

海龟绘图是 Wally Feurzeig、Seymour Papert 和 Cynthia Solomon 于 1967 年开发的原始 Logo 编程语言的一部分。turtle 提供面向对象和面向过程两种形式的海龟绘图基本组件。由于它使用 tkinter 实现基本的 GUI，因此需要安装了 tk 接口的 Python 版本。当 turtle 类的方法对应函数被调用时，会自动创建一个匿名的 turtle 对象。如果屏幕上需要有多个海龟，则必须使用面向对象的接口。

turtle 是 Python 的内置模块，使用前执行 import turtle 语句可以导入该模块。模块中的海龟其实就是画笔，从一个横轴为 x、纵轴为 y 的坐标系原点（0,0）开始，在一组函数指令的控制下，在平面坐标系中移动，并通过它爬行的路径绘制图形。绘图的主要步骤包括设置画板、设置画笔、控制海龟移动绘图、色彩填充等。

8.2 turtle 绘图体系

8.2.1 绘图窗体与绘图区域

如果想要使用 turtle 来绘图，则应创建一个绘图窗体（主窗体）。设置绘图窗体的位置，可以使用 setup()函数来实现，语法格式如下：

```
turtle.setup(width, height, startx, starty)
```

- width 参数：如果为整数，则表示绘图窗体宽度为多少个像素；如果为浮点数，则表示绘图窗体宽度占屏幕宽度的比例，默认为屏幕的 0.5。
- height 参数：如果为整数，则表示绘图窗体高度为多少个像素；如果为浮点数，则表示绘图窗体高度占屏幕高度的比例，默认为屏幕的 0.75。

- startx 参数：如果为正数，则表示绘图窗体的初始位置距离屏幕左边缘多少个像素；如果为负数，则表示绘图窗体的初始位置距离屏幕右边缘多少个像素；如果为 None，则表示窗体水平居中。
- starty 参数：如果为正数，则表示绘图窗体的初始位置距离屏幕上边缘多少个像素；如果为负数，则表示绘图窗体的初始位置距离屏幕下边缘多少像素，如果为 None，则表示窗体垂直居中。

平面直角坐标系的建立通常以屏幕左上角为坐标原点，以屏幕向右的方向为 x 轴正方向，以屏幕向下的方向为 y 轴正方向。在建立平面直角坐标系后，窗体左上角相对屏幕左上角的位置可以通过 startx 参数、starty 参数进行控制，从而控制窗体的位置。设置绘图窗体的位置如图 8-1 所示。

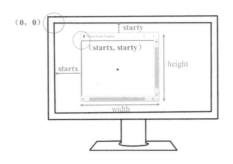

图 8-1　设置绘图窗体的位置

绘图窗体可以创建一个非常简单的 GUI，但是窗体并不是海龟移动的范围。实际上，海龟移动的范围是 turtle 的绘图区域。

在默认情况下，如果设置了 turtle 的绘图窗体，则 turtle 将自动创建绘图区域。这种自动创建的绘图区域大小为 400 像素×300 像素。如果创建的绘图窗体的面积小于 turtle 的绘图区域的面积，则将在窗体中出现滚动条，如图 8-2 所示。

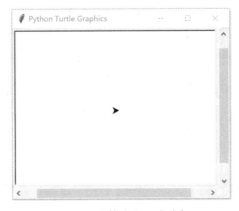

图 8-2　窗体中出现滚动条

这时，turtle 的绘图区域大小的设置可以使用 screensize()函数来实现，语法格式如下：

```
turtle.screensize(canvwidth,canvheight,bg)
```

- canvwidth 参数：绘图区域的宽度，单位为像素，默认值为 400。
- canvheight 参数：绘图区域的高度，单位为像素，默认值为 300。
- bg 参数：绘图区域的背景色，默认值为 None。

8.2.2 绝对坐标系

海龟绘图的绝对坐标系是一个标准的平面直角坐标系，其绝对坐标位于绘图窗体的中心，坐标值为（0,0），向上是 y 轴正方向，向右是 x 轴正方向，如图 8-3 所示。

海龟的直线移动，可以使用 turtle.goto()函数来实现。

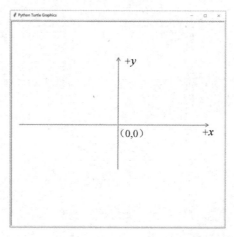

图 8-3　绝对坐标系

【例 8-1】海龟在坐标系中的移动。

程序代码如下：

```
import turtle

turtle.goto(100, 200)
turtle.goto(100, -100)
turtle.goto(-100, -100)
turtle.goto(-100, 0)
turtle.goto(0, 0)

turtle.exitonclick()          #等待用户单击界面后才可以退出
```

运行结果如图 8-4 所示。

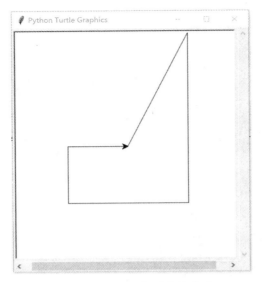

图 8-4 海龟在坐标系中的移动

8.2.3 海龟的默认移动方向

海龟一开始默认头朝右向前移动,即右侧（x 轴正方向）为其前进方向,如图 8-5 所示。

海龟的前进可以使用 turtle.fd()函数来实现;海龟的后退可以使用 turtle.bk()函数来实现。括号内的参数表示海龟移动的像素数。

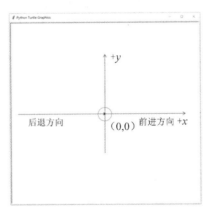

图 8-5 海龟的默认移动方向

【例 8-2】海龟在坐标系中的前进与后退。

程序代码如下:

```
import turtle

turtle.fd(50)
turtle.bk(200)
```

运行结果如图 8-6 所示。

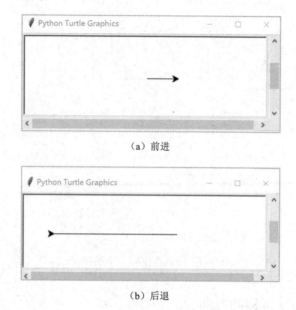

（a）前进

（b）后退

图 8-6　海龟在坐标系中的前进与后退

8.2.4　角度坐标系

在角度坐标系（见图 8-7）中，海龟头朝右（x 轴正方向）绕坐标原点（0,0）逆时针旋转一周的角度范围为 0°～360°。

可以使用 turtle.seth()函数来控制海龟旋转的角度。

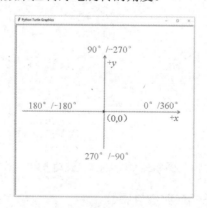

图 8-7　角度坐标系

【例 8-3】海龟在坐标系中的移动与旋转。

程序代码如下：

```
import turtle
```

```
turtle.fd(50)
turtle.seth(90)
turtle.fd(50)
turtle.seth(180)
turtle.fd(50)
```

运行结果如图 8-8 所示。

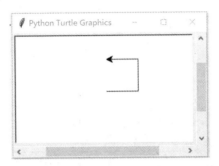

图 8-8　海龟在坐标系中的移动与旋转

8.3　画笔属性设置函数

可以把海龟想象成画笔。画笔在操作之后一直有效，一般成对出现。在绘图的过程中，如果没有明确指定位置、角度，则海龟移动的位置、旋转的角度都是相对的，相对的是当前海龟的位置和角度。

在绘图区域内，默认有一个坐标原点为绘图区域中心的坐标系，坐标原点上有一只头朝右（x 轴正方向）的海龟。这里使用了坐标原点（位置）、面朝 x 轴正方向（方向）的描述方式，turtle 绘图中同样使用位置、方向来描述海龟（画笔）的状态。

画笔有画笔颜色、画线宽度、画笔移动速度、画笔可见性与画笔形状等属性，常用的画笔属性设置函数如表 8-1 所示。

表 8-1　常用的画笔属性设置函数

属　性	函　数	说　明
画笔颜色	turtle.pencolor()	返回或设置画笔颜色。 1. 无参数，返回当前画笔颜色； 2. 有参数，设置画笔颜色，可以是字符串如"green""red"，也可以是 RGB 三元组
	turtle.fillcolor()	返回或设置填充颜色。 1. 无参数，返回当前填充颜色； 2. 有参数，设置填充颜色，可以是字符串如"green""red"，也可以是 RGB 三元组
	turtle.color()	返回或设置画笔颜色和填充颜色。 1. 如果只有一个颜色，则画笔颜色和填充颜色相同； 2. 如果有两种颜色，则前者是画笔颜色，后者是填充颜色

属　　性	函　　数	说　　明
画线宽度	turtle.pensize() turtle.width()	设置画线宽度。 1. 无参数，一个正数，返回当前画线宽度； 2. 有参数：设置画线宽度
画笔移动速度	turtle.speed()	设置画笔移动速度。 1. 取值范围为 1～10，整数，值越大，画笔移动速度越快； 2. 如果输入的是一个大于 10 或小于 0.5 的值，则速度被设置为 0
画笔可见性	turtle.hideturtle() 或 turtle.ht()	使画笔不可见。 不需要任何参数
	turtle.showturtle() 或 turtle.st()	使画笔可见。 不需要任何参数
	turtle.isvisible()	如果海龟显示则返回 True，如果海龟隐藏则返回 False。 不需要任何参数
画笔形状	turtle.shape()	设置画笔形状为给定名称的形状，如果没有给定名称，则返回当前名称的形状。 包括 arrow 参数、turtle 参数、circle 参数、square 参数、triangle 参数、classic 参数等

【例 8-4】画笔属性的设置。

程序代码如下：

```
import turtle

#turtle.hideturtle()          #使画笔不可见

#将画笔设置为默认属性
turtle.forward(100)

#画线宽度为 4 像素，画笔形状为圆形
turtle.pensize(4)
turtle.shape("circle")
turtle.right(60)
turtle.forward(100)

#画线宽度为 1 像素，画笔颜色为红色，画笔形状为三角形
turtle.pensize(1)
turtle.pencolor("red")
turtle.shape("triangle")
turtle.right(60)
turtle.forward(100)

#画线宽度为 8 像素，画笔颜色为绿色，画笔形状为正方形
turtle.pensize(8)
turtle.color("green")
```

```
turtle.shape("square")
turtle.right(60)
turtle.forward(100)

#画线宽度为 8 像素，画笔颜色为黄色，画笔形状为箭头，画笔移动速度为 3 像素/秒
turtle.pensize(8)
turtle.color("yellow")
turtle.shape("arrow")
turtle.speed(3)
turtle.right(60)
turtle.forward(100)

#画线宽度为 4 像素，画笔颜色为蓝色，画笔形状为海龟，画笔移动速度为 1.5 像素/秒
turtle.pensize(4)
turtle.color("blue")
turtle.shape("turtle")
turtle.speed(1.5)
turtle.right(60)
turtle.forward(100)

#turtle.showturtle()          #使画笔可见
```

运行结果如图 8-9 所示。

图 8-9　画笔属性的设置

8.4　海龟运动控制函数

在海龟绘图中有很多对海龟运动进行控制的函数，如控制海龟走直线、走曲线的函数，设置海龟旋转的函数等。常用的海龟运动控制函数如表 8-2 所示。

表 8-2　常用的海龟运动控制函数

函　　数	说　　明
turtle.forward()	向当前海龟的正方向移动指定长度
turtle.backward()	向当前海龟的反方向移动指定长度
turtle.right()	顺时针旋转指定角度
turtle.left()	逆时针旋转指定角度
turtle.pendown()	移动时绘图
turtle.goto()	将海龟移动到指定位置
turtle.penup()	提起海龟移动，不绘图，用于在另外一个位置绘制
turtle.circle()	绘制圆形。半径为正，表示圆心在海龟的左边；半径为负，表示圆心在海龟的右边
turtle.setx()	将当前 x 轴移动到指定位置
turtle.sety()	将当前 y 轴移动到指定位置
turtle.setheading() 或 turtle.seth()	设置当前朝向为指定角度
turtle.home()	设置当前海龟位置为坐标原点，前进方向为向右，x 轴正方向
turtle.dot()	绘制一个指定直径和颜色的圆点

8.5　其他函数

　　海龟绘图除了前面介绍的函数，还有很多其他函数，如撤销上一个动作的函数、复制当前图形的函数、填写文本内容的函数等（见表 8-3），使得 turtle 的绘图功能更加全面与丰富。

表 8-3　其他函数

函　　数	说　　明
turtle.clear()	清空窗体，但是窗体的位置和状态不会改变
turtle.reset()	清空窗体，重置窗体的状态为起始状态
turtle.undo()	撤销上一个动作
turtle.isvisible()	返回当前窗体是否可见
turtle.stamp()	复制当前图形
turtle.mainloop() 或 turtle.done()	启动事件循环（调用 tkinter 中的 mainloop()函数），一般用在海龟绘图程序中的最后一个语句中
turtle.delay()	设置或返回以毫秒为单位的绘图延迟
turtle.begin_poly()	开始记录多边形的顶点。当前的海龟位置是多边形的第一个顶点
turtle.end_poly()	停止记录多边形的顶点。当前的海龟位置是多边形的最后一个顶点，将与第一个顶点相连
turtle.get_poly()	返回最后记录的多边形
turtle.mode()	设置海龟模式（包括 standard 参数、logo 参数、world 参数）并执行重置。如果没有给出具体参数，则返回当前模式

函　　数	说　　明
turtle.write(s [,font=("font_name",font_size,"font_type")])	填写文本内容，s 参数用于设置文本内容；font 参数用于设置字体（font_name 参数用于设置字体名称、font_size 参数用于设置字号、font_type 参数用于设置字形）；font 参数、font_name 参数、font_size 参数、font_type 参数均为可选项

8.6　本章案例

【案例 8-1】使用 turtle 绘制车辆。

程序代码如下：

```
#使用 turtle 绘制车辆
import turtle

car = turtle.turtle()

#绘制车辆的矩形车身
car.color('black')
car.fillcolor('grey')
car.penup()
car.goto(0, 0)
car.pendown()
car.begin_fill()
car.forward(330)
car.left(90)
car.forward(50)
car.left(90)
car.forward(330)
car.left(90)
car.forward(50)
car.end_fill()

#绘制车窗和车顶
car.penup()
car.goto(70, 50)
car.pendown()
car.setheading(45)
car.forward(70)
car.setheading(0)
car.forward(100)
car.setheading(-45)
```

```
car.forward(70)
car.setheading(90)
car.penup()
car.goto(170, 50)
car.pendown()
car.forward(49)

#绘制轮胎
car.penup()
car.goto(100, -10)
car.pendown()
car.color('red')
car.fillcolor('blue')
car.begin_fill()
car.circle(20)
car.end_fill()
car.penup()
car.goto(300, -10)
car.pendown()
car.color('red')
car.fillcolor('blue')
car.begin_fill()
car.circle(20)
car.end_fill()

car.hideturtle()
turtle.exitonclick()
```

运行结果如图 8-10 所示。

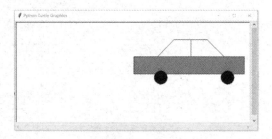

图 8-10　使用 turtle 绘制车辆

【案例 8-2】综合应用 turtle 与函数绘制棋盘。

程序代码如下：

```
import turtle            #导入 turtle

sc = turtle.Screen()     #创建窗体
```

```
pen = turtle.turtle()

#绘制正方形棋盘
def draw():
    for i in range(4):
        pen.forward(30)
        pen.left(90)
    pen.forward(30)

#主程序
if __name__ == "__main__":
    sc.setup(600, 600)              #设置窗体位置
    pen.speed(200)                  #设置画笔移动速度

    #棋盘循环函数
    for i in range(8):
        pen.up()                    #准备绘制
        pen.setpos(0, 30 * i)       #设置每行位置
        pen.down()                  #开始绘制

        #行数设置
        for j in range(8):
            #变换颜色的条件
            if (i + j) % 2 == 0:
                col = 'black'
            else:
                col = 'white'

            pen.fillcolor(col)      #设置填充颜色
            pen.begin_fill()        #开始填充颜色
            draw()                  #调用 draw()函数
            pen.end_fill()          #停止填充颜色
```

运行结果如图 8-11 所示。

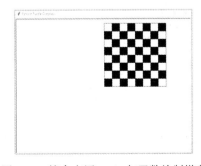

图 8-11　综合应用 turtle 与函数绘制棋盘

8.7 本章小结

本章主要介绍了如何使用 turtle 进行了绘图，在简要说明 turtle 及其绘图体系后，对画笔设置函数、海龟运动控制函数和其他相关函数进行讲解。通过本章的学习，读者可以掌握以下内容。

（1）turtle 是 Python 的内置模块，可以使用 import turtle 语句导入 turtle。

（2）turtle 可以通过相应的函数设置画笔颜色、画线宽度、画笔移动速度、画笔可见性、画笔形状等属性。

（3）海龟绘图有控制海龟走直线、走曲线，设置海龟旋转等常用的海龟运动控制函数。

习题

1．（判断）turtle 可以用于绘制静态图形。

2．（选择）下列（   ）函数是用来定义画笔颜色的。

A.turtle.pencolor()   B.turtle.pensize()   C.turtle.speed()   D.turtle.left()

3．（选择）turtle.circle(60, steps=5)语句的功能是（   ）。

A．绘制一个半径为 60 像素的圆形

B．绘制 5 个半径为 60 像素的圆形

C．绘制一个半径为 60 像素的圆形和一个五边形

D．绘制一个半径为 60 像素的圆内接正五边形

4．（选择）turtle 的默认前进方向是（   ）。

A．屏幕中窗体的右边

B．屏幕中窗体的左边

C．屏幕中窗体的上边

D．屏幕中窗体的下边

第9章 文件操作

在程序设计与编写的过程中，用户可以通过 input() 函数将数据输入到程序中，也可以通过 print() 函数将程序的运行结果输出，从而将其直观地显示出来。但是在程序关闭后，数据和结果无法永久性地存储，难以复用。通过对文件进行相关操作，能够永久性地存储数据和处理其他程序的数据。本章对此进行介绍。

◥ 9.1 文件概述

文件是指各种永久性地存储一系列数据的存储介质，包括 Word 文件、Excel 文件、Image 文件等，是数据的集合和抽象。Python 可以从文件中读取数据作为程序的输入，也可以将程序中的数据保存成文件，实现数据的永久存储和交互。

根据文件中数据的存储形式，可以将其分为文本文件与二进制文件。文本文件又被称为 "ASCII 文件"，是指以文本方式存储的文件；二进制文件则主要用于存储图形、图像、音频、视频、程序代码及运行程序等数据。

9.1.1 文本文件

文本文件由按照一定编码形式编码的字符所组成，是一种不带任何格式的文件。通常使用普通的文字处理软件即可对文本文件执行读取、写入、修改等操作。

文本文件的读取必须从文件的头部开始，一次性读取全部数据，不能只读取某一部分数据，也不可以跳跃式读取数据。文本文件中的每一行文本都相当于一条数据，数据的长度不固定，以换行符 "\n" 分隔，并且不能同时进行读取与写入操作。

文本文件的特点是使用方便、占用内存小，但是其访问速度慢，维护成本较高。

9.1.2 二进制文件

二进制文件是一种原始类型的文件，主要用于存储二进制格式的数据，没有统一的字符编码，以字节为单位访问数据。文件内部数据的组织格式与文件用途有关，包括 IMG 格式、PNG 格式的图片，AVI 格式的视频，以及各类运行程序等。

二进制文件的优点如下。

（1）节约空间。与文本文件相比，二进制文件存储数据更节省空间。

（2）存储速度快。内存中的数据以二进制数的形式存储，在进行文件存储时，不需要再次转换数据形式。

（3）数据存储精确，不会导致有效位的丢失。

9.2 文件操作

文件存储在磁盘中，因为当前的操作系统不允许普通程序直接操作磁盘，所以文件的读取其实就是请求操作系统打开一个文件，通过系统提供的接口从该文件中读取数据，或者写入数据到该文件中。Python 对二进制文件和文本文件采用统一的操作步骤，即打开、操作和关闭。

9.2.1　打开与关闭文件

1. 打开文件

在 Python 中，使用 open()函数可以打开文件，并返回一个文件对象，将程序和文件连接起来，使程序可以从文件中读取数据，语法格式如下：

```
file = open(filename,mode[,encoding='UTF-8'])
```

- file 参数：表示打开的文件所返回的对象。
- filename 参数：强制参数，表示文件名，数据类型为字符串。如果程序中的.py 文件与打开的文件位于同一级文件夹内，则 filename 参数可以是相对路径，否则必须为绝对路径，不然可能会出现 No such file or directory 错误。
- mode 参数：表示访问文件的模式，字符串。Python 常用的访问文件的模式如表 9-1 所示。
- encoding 参数：返回的数据采用的编码类型，一般采用 UTF-8 或 GBK 编码。

表 9-1　Python 常用的访问文件的模式

模　　式	说　　明
'r'	以只读的方式打开文件。文件指针位于文件的开头
'w'	以只写的方式打开文件。如果文件不存在，则创建文件；如果文件存在，则清除文件内容。文件指针位于文件的开头
'a'	以追加的方式打开文件，文件指针位于文件的末尾
'b'	以二进制的方式打开文件
'+'	与只读、只写或追加方式一起使用，在原基础上增加读取、写入功能

【例 9-1】文件打开指针的使用。

程序代码如下：

```
file = open('test.txt','r')
```

```
print('以'r'模式打开时，文件指针位置：',file.tell())          #当前文件指针
file.close()
file = open('test.txt','a')
print('以'a'模式打开时，文件指针位置：',file.tell())          #当前文件指针
file.close()
file = open('test.txt','w')
print('以'w'模式打开时，文件指针位置：',file.tell())          #当前文件指针
file.close()
file = open('test.txt','a')
print('以'w'模式打开后，再以'a'模式打开，文件指针位置：',file.tell())  #输出文件指针
file.closc()
```

运行结果如下：

```
以'r'模式打开时，文件指针位置：  0
以'a'模式打开时，文件指针位置：  103
以'w'模式打开时，文件指针位置：  0
以'w'模式打开后，再以'a'模式打开，文件指针位置：  0
```

当以只写的方式打开文件后，清空了 test.txt 文件中的内容，因此文件指针位置的结果为 0。

2. 关闭文件

当打开文件并完成数据处理后，一定要及时使用 close()方法关闭文件。通常，一个文件在退出程序后会自动关闭，这样会避免操作系统或其他相关设置对文件的修改，也可以为后续文件的打开留出空间。同样，写入文件后也要及时关闭对应的文件。因为 Python 会缓存写入的数据，如果不及时关闭已完成写入操作的文件，当程序或系统崩溃时，则可能导致数据的丢失。因此，为了数据的安全，应及时使用 close()方法关闭文件，语法格式如下：

```
file.close()
```

9.2.2 读取文件

Python 中可以使用 file.read()方法、file.readline()方法、file.readlines()方法读取文件，也可以直接使用 list()方法或者迭代的方式读取文件。

（1）file.read()方法。用于最大量地读取文件，语法格式如下：

```
fileStr = file.read([length])
```

length 参数表示从当前文件指针位置开始读取的文件长度，如果文件长度小于 length 参数的值，则全部读取。如果使用默认值，则会尽可能地读取更多的内容，通常会一直读取到文件末尾。读取的内容以字符串的形式存储在 fileStr 变量中。以读取满江红.txt 文件为例，所读取的内容如下：

> 满江红
>
> 宋 岳飞
>
> 怒发冲冠，凭栏处，潇潇雨歇。
>
> 抬望眼，仰天长啸，壮怀激烈。
>
> 三十功名尘与土，八千里路云和月。
>
> 莫等闲、白了少年头，空悲切。
>
> 靖康耻，犹未雪。
>
> 臣子恨，何时灭。
>
> 驾长车，踏破贺兰山缺。
>
> 壮志饥餐胡虏肉，笑谈渴饮匈奴血。
>
> 待从头、收拾旧山河，朝天阙。

【例 9-2】file.read()方法的使用。

程序代码如下：

```python
file=open('满江红.txt','r',encoding='UTF-8')
filestr1 = file.read(4)
print("filestr1 内容为：",filestr1)
filestr2 = file.read(8)
print("filestr2 内容为：",filestr2)
filestr3 = file.read()
print("filestr3 内容为：",filestr3)
file.close()
```

运行结果如下（部分）：

```
filestr1 内容为： 满江红

filestr2 内容为： 宋 岳飞
怒发冲
filestr3 内容为： 冠，凭栏处，潇潇雨歇。
抬望眼，仰天长啸，壮怀激烈。
三十功名尘与土，八千里路云和月。
莫等闲，白了少年头，空悲切。
…
```

filestr1=file.read(4)语句表示从文件的开头开始读取 4 个字符，包含"满江红\n"；filestr2=file.red(8)语句表示从第 4 个字符（当前文件指针位置）开始读取，直到读取 8 个字符完成操作；filestr3=file.read()语句表示使用默认值，读取剩下的所有内容。

（2）file.readline()方法。用于读取文件中的一整行，语法格式如下：

```
lineStr = file.readline()
```

该方法从当前文件指针位置向后读取，直到遇到换行符"\n"后完成读取，读取的内容以字符串的形式存储在 lineStr 变量中。

【例 9-3】file.readline()方法的使用。

程序代码如下：

```
file=open('满江红.txt','r',encoding='UTF-8')
filestr = file.read(4)
print("filestr 内容为：",filestr)
linestr1 = file.readline()
print("linestr1 内容为：",linestr1)
linestr2 = file.readline()
print("linestr2 内容为：",linestr2)
file.close()
```

运行结果如下：

```
filestr 内容为： 满江红

linestr1 内容为： 宋 岳飞

linestr2 内容为： 怒发冲冠，凭栏处，潇潇雨歇。
```

在读取文件时，一定要注意当前文件指针位置。

（3）file.readlines()方法。用于读取文件中的所有行，语法格式如下：

```
linesList = file.readlines()
```

该方法从当前文件指针位置向后读取，尽可能地读取更多内容，通常会一直读取到文件末尾。读取的内容以字符串的形式存储为列表结构，并赋值给 linesList 变量。

【例 9-4】file.readlines()方法的使用。

程序代码如下：

```
file=open('满江红.txt','r',encoding='UTF-8')
linesList= file.readlines()
print("linesList 内容为：",linesList)
file.close()
```

运行结果如下：

```
linesList 内容为： ['满江红\n', '宋 岳飞\n', '怒发冲冠，凭栏处，潇潇雨歇。\n', '抬望眼，仰天长啸，壮怀激烈。\n', '三十功名尘与土，八千里路云和月。\n'…]
```

以换行符"\n"分隔各行内容，将每一行分别读取并存入列表。

（4）list()方法。用于读取文件中的所有行，与 file.readlines()方法读取文件的原理相同。

【例 9-5】list()方法的使用。

程序代码如下：

```
file=open('满江红.txt','r',encoding='UTF-8')
list=list(file)
```

```
print("list 内容为: ",list)
file.close()
```

运行结果与使用 file.readlines()方法读取文件的结果相同，具体如下：

list 内容为：['满江红\n', '宋 岳飞\n', '怒发冲冠，凭栏处，潇潇雨歇。\n', '抬望眼，仰天长啸，壮怀激烈。\n', '三十功名尘与土，八千里路云和月。\n'…]

9.2.3 写入文件

写入文件与读取文件的操作几乎相同，需要注意的是，在打开文件时，mode 参数需要设置为待写入的模式。在 Python 中，可以使用 file.write()方法和 file.writelines()方法写入文件。

（1）file.write()方法。用于从当前指针位置写入字符串内容，语法格式如下：

```
file.write(string)
```

file.write()方法不会自动换行，如果需要换行，则需使用换行符"\n"。

【例 9-6】file.write()方法的使用。

程序代码如下：

```
file = open('登鹳雀楼.txt',"w")           #文件不存在，创建新的文件
file.write('登鹳雀楼\n')
file.write('唐 王之涣\n')
file.write('白日依山尽，黄河入海流。\n')
file.write('欲穷千里目，更上一层楼。\n')
file.close()
```

运行结果如图 9-1 所示。

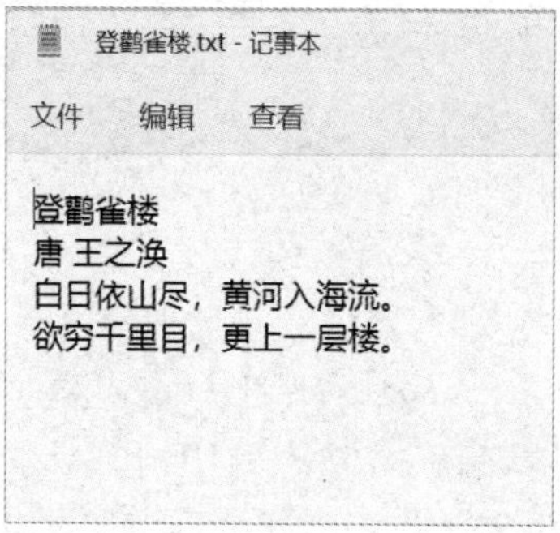

图 9-1　file.write()方法的使用

（2）file.writelines()方法。用于将列表中的元素逐个写入文件，语法格式如下：

```
file.writelines(list)
```

根据语法格式可知，该方法是针对列表的操作，列表中的元素必须为字符串的形式。

【例 9-7】file.writelines()方法的使用。

程序代码如下：

```
file = open('names.txt',"w")
list1=['tom ','lisa ','lily ','john ']
file.writelines(list1)
file.write('\n')
list2=['tom\n','lisa\n','lily\n','john\n']
file.writelines(list2)
file.close()
```

运行结果如图 9-2 所示。

图 9-2　file.writelines()方法的使用

9.2.4　文件相关方法

（1）file.readable()方法，语法格式如下：

```
file.readable()
```

该方法用于判断文件是否可读。

【例 9-8】file.readable()方法的使用（1）。

程序代码如下：

```
file = open('test.txt',"r",encoding='UTF-8')
print(file.readable())
file.close()
```

运行结果如下：

```
True
```

【例 9-9】file.readable()方法的使用（2）。

程序代码如下：

```
file = open('test.txt',"w",encoding='UTF-8')
print(file.readable())
file.close()
```

运行结果如下：

```
False
```

因为文件的读取和写入操作只能执行一种。所以当以只写的方式打开文件时，文件不可读，此时运行结果显示为 False。

（2）file.seek()方法。用于将文件指针移动到相对 whence 参数的 offset 参数位置，语法格式如下：

```
file.seek( offset, whence)
```

- offset 参数：表示待移动的字节数。当 offset 参数为正数时，指针向文件末尾的方向移动；当 offset 参数为负数时，指针向文件的开头方向移动。
- whence 参数：表示移动的基准位置。其中，0 表示以文件的开头为基准，1 表示以当前位置为基准，2 表示以文件的末尾为基准。

（3）file.tell()方法。用于获取文件指针的当前位置，即文件指针相对于文件开头的字节数，语法格式如下：

```
file.tell()
```

【例 9-10】file.tell()方法的使用。

程序代码如下：

```
file = open('test.txt','r',encoding='UTF-8')    #text.txt 文件的内容为 abc\n 满江红\n
f1=file.read(1)
print('f1 读取的内容：',f1)
print(file.tell())
f2=file.read(3)
print('f2 读取的内容：',f2)
print(file.tell())
f3=file.read(1)
print('f3 读取的内容：',f3)
print(file.tell())
file.close()
```

运行结果如下：

```
f1 读取的内容：a
1
f2 读取的内容：bc

5
f3 读取的内容：满
8
```

根据【例 9-10】可知，英文字母在读取时占 1 个字符，存储时占 1 个字节；换行符"\n"、制表符"\t"等整体读取，相当于 1 个字符，存储时占 2 个字节；汉字在读取时占 1 个字符，存储时占 3 个字节。因此，需要根据文件内容调整 file.read()方法和 file.tell()方法中的参数值。

9.3　Office 文件操作

常用的 Office 文件主要有 Word 文件、Excel 文件和 PowerPoint 文件等。在 Python 中，可以使用不同的模块对 Office 文件进行读取、查询和修改等操作。

9.3.1　使用 python-docx 操作 Office 文件

python-docx 可以对 Word 文件、Excel 文件和 PowerPoint 文件进行操作，在使用之前需要先进行安装。

程序代码如下：

```
pip install python-docx
```

本节以 Word 文件为例，介绍使用 python-docx 对 Office 文件进行操作的步骤和程序代码。

1. 导入模块

程序代码如下：

```
from docx import Document
```

2. 打开文档

以 Word 文件为例，通过 Document()方法创建一个基于默认模板的空白文档，同时也创建了文档对象。此时可以使用 python-docx 打开并操作现有的空白文档。

程序代码如下：

```
docfile=Document()                       #创建空白文档
#逐段读取文档中的内容
for paragraph in docfile.paragraphs:
    text = paragraph.text
```

3. 添加段落

程序代码如下：

```
paragraph1 = docfile.add_paragraph('一棵是枣树，另一棵也是枣树')
```

也可以以新添加的段落为基准，在其上方添加一个新的段落。

程序代码如下：

```
paragraph2 = paragraph1.insert_paragraph_before('院子里有两棵树')
```

4．添加标题

在添加标题时，默认添加的是一级标题，在 Word 文件中会显示为"标题 1"。当需要添加其他级别的标题时，需要对 level 参数进行设置，标题的级别范围为 1～9。

程序代码如下：

```
docfile.add_heading('秋夜')              #一级标题
docfile.add_heading('作者 鲁迅',level=2)   #二级标题
```

5．添加表格

程序代码如下：

```
table = docfile.add_table(rows=2,cols=2)   #添加行数与列数均为 2 的表格
cell=table.cell(0,1)                        #读取（0,1）中内容
```

6．保存文档

程序代码如下：

```
docfile.save('demo.doc')                            #以"demo.doc"为名称保存文档
```

【例 9-11】创建结构性文档。

程序代码如下：

```
from docx import Document
docfile=Document()
docfile.add_heading(u'破阵子')
docfile.add_heading(u'为陈同甫赋壮词以寄之',level=2)
docfile.add_paragraph(u'辛弃疾','Subtitle')
docfile.add_paragraph(u'醉里挑灯看剑，梦回吹角连营。')
docfile.add_paragraph(u'八百里分麾下炙，五十弦翻塞外声，沙场秋点兵。')
docfile.add_paragraph(u'马作的卢飞快，弓如霹雳弦惊。')
docfile.add_paragraph(u'了却君王天下事，赢得生前身后名，可怜白发生！')
docfile.save('破阵子.doc')
```

运行结果如图 9-3 所示。

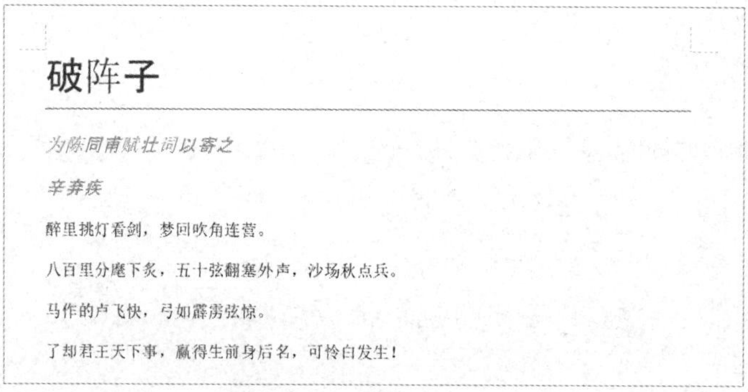

图 9-3　创建结构性文档

9.3.2 使用 xlsxwriter 操作 Excel 文件

在 Python 程序中，可以使用 xlsxwriter 对 Excel 文件进行创建、读取、写入、修改等操作。与 Python-docx 一样，xlsxwriter 在使用之前也需要先进行安装。

程序代码如下：

```
pip install xlsxwriter
```

使用 xlsxwriter 对 Excel 文件进行操作的步骤如下。

1. 导入 xlsxwriter

程序代码如下：

```
import   xlsxwriter
```

2. 创建表格

程序代码如下：

```
workbook = xlsxwriter.Workbook(dir)        #文件路径
'''系统设置'''
style = workbook.add_format({
        "fg_color": "yellow",              #设置单元格的背景色
        "bold": 1,                         #设置字体加粗
        "align": "center",                 #设置对齐方式
        "valign": "vcenter",               #设置文本的对齐方式
        "font_color": "red"                #设置文本的颜色
    })
```

3. 创建工作表

程序代码如下：

```
worksheet=workbook.add_worksheet()
```

4. 写入数据

程序代码如下：

```
worksheet.write_comment('A1',5)        #在 A1 单元格中写入 5
'''批量写入数据'''
data=[
    [1,2,3,4,5], [2,4,6,8,10], [3,6,9,12,15], [4,8,12,16,20]
]
worksheet.write_column('A1',data[0]) #逐列写入数据
worksheet.write_column('B1',data[1]) #逐列写入数据
worksheet.write_column('C1',data[2]) #逐列写入数据
worksheet.write_column('D1',data[3]) #逐列写入数据
```

5. 插入图像

程序代码如下：

```
worksheet.insert_image('B2','Python.png')          #在 B2 单元格中插入图像
```

6. 绘制图像

程序代码如下：

```
'''绘制图像'''
chart = workbook.add_chart({'type':'column'})        #绘制柱状图
chart.add_series({'values':'=Sheet1!$A$1:$A$5'})     #将 A1～A5 单元格中的数据转换为图表
chart.add_series({'values':'=Sheet1!$B$1:$B$5'})     #将 B1～B5 单元格中的数据转换为图表
chart.add_series({'values':'=Sheet1!$C$1:$C$5'})     #将 C1～C5 单元格中的数据转换为图表
chart.add_series({'values':'=Sheet1!$D$1:$D$5'})     #将 D1～D5 单元格中的数据转换为图表
worksheet.insert_chart('A8',chart)                   #插入图表
```

【例 9-12】创建表格。

程序代码如下：

```
#将 4 名学生的姓名、分数输入 Excel 表格，并计算总成绩
import xlsxwriter
workbook = xlsxwriter.Workbook('score.xlsx')        #文件路径
worksheet=workbook.add_worksheet()
'''系统设置'''
style = workbook.add_format({
        "fg_color": "yellow",                        #设置单元格的背景色
        "bold": 1,                                   #设置字体加粗
        "align": "center",                           #设置对齐方式
        "valign": "vcenter",                         #设置文本的对齐方式
        "font_color": "red"                          #设置文本的颜色
})
worksheet.write('A1','姓名',style)
worksheet.write('B1','分数',style)
'''写入数据'''
data=[
    ['李雷',89],['韩梅梅',92],['郑强',67],['陈明',56]
]
#从第二行开始写入数据
row=1
col=0
for item in data:
    worksheet.write_row(row,col,data[row-1])
    row = row+1
#使用公式计算总成绩
```

```
worksheet.write(row,0,'Total')
worksheet.write(row,1,'=SUM(B2:B5)')
workbook.close()
```

运行结果如图 9-4 所示。

	A	B	C	D	E	F	G	H	I	J
1	姓名	分数								
2	李雷	89								
3	韩梅梅	92								
4	郑强	67								
5	陈明	56								
6	Total	304								

图 9-4　创建表格

9.4　CSV 文件操作

逗号分隔值（Comma-Separated Values，CSV）文件以纯文本的形式存储表格数据（数字和文本），后缀名为.csv。CSV 文件是一种编辑方便、可视化效果极佳的数据存储式文件，常用于 Excel 文件和数据库文件中数据的导入和导出。

9.4.1　CSV 文件

由于 CSV 文件中数据的格式并不是单一的、定义明确的格式，因此 CSV 文件中的数据具有以下特征。

（1）以纯文本的形式存储，使用某个字符集。

（2）由记录组成（如每行一条记录）。

（3）每条记录被分隔符分隔为多个字段。

（4）每条记录中都有相同的字段序列。

根据 CSV 文件中数据的特征可知，在 CSV 文件中，所有数据都是字符串；不能设置颜色等属性；不能嵌入图像；不能合并单元格。总体而言，CSV 文件与 Excel 文件之间的不同相对明显。

9.4.2　操作 CSV 文件

Python 中提供了专门的 csv 模块，用于处理 CSV 文件的读取和写入。csv 是 Python 的内置模块，使用方便、简单、易于操作。

在使用 csv 操作 CSV 文件之前，可以直接通过 import 语句将其导入。

程序代码如下：

```
import csv          #导入 csv
```

导入 csv 之后，便可以对 CSV 文件进行读取、写入等操作。

1. 读取文件

reader()方法用于读取 CSV 文件中的数据。

【例 9-13】读取 CSV 文件中的数据。

程序代码如下：

```
import csv
file = open('data.csv')            #打开文件
csv_reader=csv.reader(file)        #读取数据
for line in csv_reader:            #逐行读取数据
    print(line)
```

运行结果如下：

```
['1', '2', '3', '4', '5', '6', '7']
['8', ' 3', ' 2', ' 7', ' 1', ' 4', ' 6', ' 5']
```

根据【例 9-13】可知，reader()方法用于将每行数据转换为一个列表，列表中的一个元素是一个字符串。

2. 写入文件

write()方法用于将数据写入 CSV 文件。

write()方法支持一行写入和多行写入，可以将列表中的数据写入 CSV 文件，语法格式如下：

```
writer(csvfile,dialect="excel")        #将数据写入指定的文件
```

- csvfile 参数：文件或任何可支持 write()方法的对象。
- dialect 参数：用于指定 CSV 文件的格式，通常为 Excel 格式。

【例 9-14】将数据写入 CSV 文件。

程序代码如下：

```
import csv
fp=open('demo4.csv','w',newline='')
fp_write=csv.writer(fp,dialect='excel')
fp_write.writerow(['姓名','年龄','性别'])          #写入单行数据
fp_write.writerow(['李磊','32','男'])
lines = [
    ['赵倩','27','女'],['曾祥','58','男'],
    ['李天','37','男'],['陈东东','14','男']
```

```
]
fp_write.writerows(lines)                      #写入多行数据
fp.close()
```

运行结果如图 9-5 所示。

	A	B	C	D	E	F	G	H
1	姓名	年龄	性别					
2	李磊	32	男					
3	赵倩	27	女					
4	曾祥	58	男					
5	李天	37	男					
6	陈东东	14	男					
7								

图 9-5　将数据写入 CSV 文件

9.5　本章案例

【案例 9-1】对 Excel 文件进行操作。

读取文本文件 data.log，该文件中的数据有某地的温度、湿度和空气质量，将这些数据按照一定的格式存入 Excel 文件 dataFile.xlsx，并绘制空气质量的统计直方图。

程序代码如下：

```
import xlsxwriter
workbook = xlsxwriter.Workbook('dataFile.xlsx')        #文件路径
worksheet=workbook.add_worksheet()
'''读取 data.log 文件并生成存储数据'''
data=[]                                                #存储所有读取的数据
AQdata=[]                                              #存储空气质量数据
fp = open('data.log','r+',encoding='UTF-8')
for line in fp.readlines():
    list=line.rstrip('\n').split(' ')
    data.append(list)
    AQdata.append(list[2])
fp.close()
'''写入数据'''
worksheet.write('A1','温度')
worksheet.write('B1','湿度')
worksheet.write('C1','空气质量')
row=1                                                  #从第二行开始写入数据
col=0
for i in range(len(data)):
    worksheet.write_row(row, col, data[row - 1])
    row = row + 1
```

```
'''绘制统计直方图'''
#统计空气质量
dict = {}
for key in AQdata:
    dict[key] = dict.get(key, 0) + 1

counts=[]                                          #存储空气质量中各个等级出现的次数
counts=['次数',dict['优'],dict['良'],dict['中'],dict['差']]
#新建工作表
worksheetH=workbook.add_worksheet()
worksheetH.write_column('A1',['等级','优','良','中','差'])    #逐列插入数据
worksheetH.write_column('B1',counts)               #逐列插入数据

chart = workbook.add_chart({'type':'column'})
#添加标题
chart.set_title({'name':'空气质量'})
chart.set_x_axis({'name':'次数'})
chart.set_y_axis({'name':'等级'})
chart.add_series({
    "name":"=Sheet2!$B$1",                         #图例项
    "categories":"=Sheet2!$A$2:$A$5",
    'values':'=Sheet2!$B$2:$B$5'
})#将 B1～B5 单元格中的数据转换为图表
worksheetH.insert_chart('A8',chart)
workbook.close()
```

运行结果如图 9-6 所示。

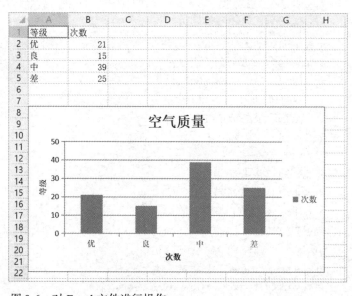

图 9-6 对 Excel 文件进行操作

9.6　本章小结

本章介绍了如何对文件进行操作。通过设置 open()函数中的 mode 参数，可以使用不同的模式访问文件，并对文件进行读取、处理、修改等操作。

以 Word 文件、Excel 文件为例，阐述了如何使用 python-docx、xlsxwriter 进行文件的读取、建立、修改等操作。

介绍了 CSV 文件的特性，通过内置模块 csv，可以对后缀名为.csv 的 CSV 文件进行读取与写入等操作。

习题

1．（选择）在读取文本文件中的所有行之后，file.readline()方法返回（　　）。

A．空字符串　　　　B．列表　　　　　　C．none　　　　　　D．error

2．（选择）在使用 open()函数读取文件时返回（　　）。

A．文件对象　　　B．文件名　　　　　C．列表　　　　　　D．元组

3．（选择）写入文件应该选择（　　）模式。

A．writing　　　　B．reading　　　　　C．appending　　　D．deleting

4．（选择）下面不属于二进制文件的是（　　）。

A．图像　　　　　B．声音　　　　　　C．文本　　　　　　D．视频

5．（选择）在使用 open()函数打开文件时，将 mode 参数设置为（　　），文件指针位于文件尾部。

A．'r'　　　　　　B．'b'　　　　　　C．'a'　　　　　　D．'w'

6．（简答）阐述文本文件和 CSV 文件的区别。

7．（编程）按要求编写以下程序。

（1）将古诗《悯农》保存到新建的 data.txt 文件中。

（2）读取 data.txt 文件中数据的前三行。

（3）打开 data.txt 文件，分别在该文件的头部和尾部插入"姓名+学号\n"语句。

第 10 章　网络爬虫

网络爬虫（Web Spider）按照一定规则自动获取网络信息中的程序或脚本，可以实现数据采集、软件测试、网站投票等功能。Python 提供了网络请求库、数据解析库、数据存储库，可以轻松地编写爬虫程序或脚本。

10.1　爬虫概述

网络爬虫是一个非常形象的表述。整个互联网相当于一张通过不同数据节点连接而成的大网，爬虫就像在大网中爬行的小蜘蛛，根据用户的需求不断地将脚下的资源分类存储与取用。在这张由数据节点组成的大网中，节点之间有着千丝万缕的联系（蛛丝）。从理论上来看，只要时间允许，爬虫就可以沿着"蛛丝"爬遍整个网络，读取全部公开的数据。

10.1.1　爬虫的分类

爬虫的功能主要是下载网络上的各种资源，如图片、网页、代码等公开的内容，为搜索引擎、深度学习、数据分析、大数据、API 应用等多个领域相关工作的开展提供数据支持。

网络爬虫按照系统结构和实现技术，可以分为通用网络爬虫、聚焦网络爬虫、增量式网络爬虫、深层网络爬虫 4 类。在实际的应用中，几类爬虫技术通常会结合运用。

1.　通用网络爬虫

通用网络爬虫又被称为"全网爬虫"，从种子 URL 扩展到整个网络，获取整个互联网中的数据，主要从门户站点、搜索引擎（Google、百度等）中采集数据。通用网络爬虫主要由初始 URL 集合、URL 队列、页面爬行模块、页面分析模块、页面数据库、链接过滤模块等构成。

2.　聚焦网络爬虫

聚焦网络爬虫又被称为"主题网络爬虫"，按照预先定义好的主题，获取并筛选相关网页内容，极大地节省了硬件和网络资源，可以很好地满足特定人群对特定领域信息的爬虫需求。

3.　增量式网络爬虫

增量式网络爬虫指对已下载网页使用增量式更新方法，只获取新产生或发生变化的数据，可以有效降低数据下载量，减少时间和空间上的浪费，而与之对应的，则是对爬行算法要求的相应增加。

4. 深层网络爬虫

深层网络爬虫获取的是深层页面中的数据，这些网页数据不能通过静态 URL 获取，它们隐藏在搜索表单后面，需要用户提交一些数据才能获取，如一些用户登录后才可见的网页。

10.1.2　爬虫的原理

网络爬虫通过模拟浏览器发送请求，获取网页数据并按照需求下载与保存数据，其中发送请求、获取数据是网络爬虫的关键，基本流程如图 10-1 所示。

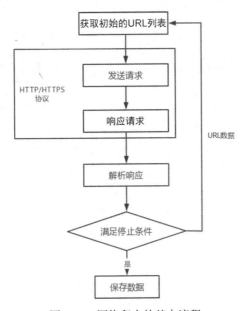

图 10-1　网络爬虫的基本流程

1. 获取初始的 URL 列表

URL 是用户要获取的网页地址，初始的 URL 可以是人为指定的，也可以由某几个初始的获取网页共同指定。

2. 发送请求

根据 HTTP/HTTPS，通过 urllib、urllib3 和 requests 等向服务器发送 URL 页面请求。

3. 响应请求

如果服务器正常响应，则会得到一个响应对象，对象中的内容就是待获取的页面内容（HTML 数据、Json 数据、二进制数据等）。

4. 解析响应

对获取的页面进行解析，获取新的 URL 和数据。如果是 HTML 数据，则使用正则表达式或者页面解析库进行解析；如果是 Json 数据，则可以转换为 Json 对象进行解析；如果是二进制数据，则可以直接保存待进一步处理。

5. 满足条件停止

根据预设条件，对解析后的数据进行判断，如果符合停止条件，则保存数据，完成爬虫，否则将解析后的 URL 重新放入初始的 URL 列表，开始新一轮的爬虫过程。

6. 保存数据

可以根据需求，将数据保存为文本文件、CSV 文件、JSON 文件，也可以保存到数据库中。

10.1.3 爬虫的开发基础

1. URL

统一资源定位符（Uniform Resource Location，URL）指的是访问网页的链接。浏览器通过这样一个链接，可以在互联网中唯一定位对应的网页（资源）。

2. HTTP 与 HTTPS

HTTP 和 HTTPS 都是超文本传输协议，规定了数据的传输格式和传输规范。HTTP 传输明文数据；HTTPS 传输加密数据，提高了数据的安全性。

3. HTML

HTML 是超文本标记语言，使用该语言编写的文件的结构如下：

```
<!DOCTYPE html>              #声明为使用 HTML 编写的文件
<html>                      #元素是 HTML 文件中的根元素
<head>                      #元素中包含文件的元数据（meta）
<meta charset="UTF-8"/>     #元素提供文件中的元数据
<title>Python</title>       #文档标题
</head>
<body>                      #元素中包含可见的文件数据
<h1>标题 1</h1>             #定义标题
<p>段落</p>                 #定义段落
<div>块</div>               #定义块
</body>
</html>
```

在 HTML 中，尖括号"<>"和关键字共同构成 HTML 的标签。大部分标签都是成对出现的，以<关键字>开始，</关键字>结束，中间的内容是标签的值和属性。每个标签可以是独立的，也可以相互嵌套。

一个完整的文件结构以<html>开始，以</html>结束，整个文件可以分为两个部分。

（1）<head></head>，头部标签，用于描述该文档的各种属性和信息。该区域可添加的标签有<title>、<style>、<meta>、<link>、<script>、<noscript>和<base>。

（2）<body></body>，网页信息的主要载体，提供网页的主要内容。该区域可添加的标签有<h1>～<h6>、<p>、<div>、<img>、
、<hr>、<tr>、<th>、<td>、<b>和<strong>等。

4. 请求头

请求头描述客户端（浏览器）向服务器发送请求时使用的协议类型、使用的编码及发送内容的长度等。

检测请求头是常见的反爬虫策略。服务器会对每次请求头进行检测，判断请求是否为人为发出。为了形成一个良好的代码编写规范，无论网页是否制定请求头反爬虫机制，最好在每次发送请求时都添加请求头。请求头的参数如下。

- Accept 参数：表示客户端可以接收的文件类型。
- Accept-Charset 参数：表示客户端可以接收的编码类型。
- Accept-Encoding 参数：表示客户端可以接收的压缩编码类型。
- Accept-Language 参数：表示客户端可以接收的语言类型。
- Host 参数：表示请求的主机地址和端口。
- If-Modified-Since 参数：表示页面的缓存时间。
- Referer 参数：表示请求来自哪个页面的 URL。
- User-Agent 参数：表示浏览器相关信息。
- Cookie 参数：表示浏览器暂存服务器发送的信息。
- Connection 参数：表示 HTTP 请求版本的特点。
- Date 参数：表示请求网页的时间。

在网络爬虫中，请求头一定要有 User-Agent 参数，其他的属性可以根据实际需求添加。反爬虫机制通常检测请求头的 Referer 参数和 User-Agent 参数。

以下是 Python 中可以使用的一个完整的请求头，以字典格式生成：

```
Headers={
    'Aceept':'text/html,application/xhtml+xml,application/xml;'
             'q=0.9,image/avif,image/webp,image/apng,*/*;q=0.8,'
             'application/signed-exchange;v=b3;q=0.9',
    'Accept-encoding':'gzip, deflate, br',
```

```
        'Accept-language': 'zh-CN,zh;q=0.9',
        'Cache-control': 'max-age=0',
        'User-agent': 'Mozilla/5.0 (Windows NT 10.0; Win64; x64) '
                        'AppleWebKit/537.36 (KHTML, like Gecko) '
                        'Chrome/109.0.0.0 Safari/537.36',
        'Connection':'keep-alive',
        'Referer':'https://www.sina.com.cn/'
    }
```

5. 响应状态码

响应状态码由十进制数组成，是一个三位数，表示服务器的响应状态。如 200 表示服务器正常响应，404 表示未找到页面；500 表示服务器内部错误，通常为服务器端程序执行错误。

在爬虫的过程中，可以根据状态码来判断服务器的响应状态。如果状态码为 200，则表示服务器成功返回数据，可以进行进一步处理；相反，如果状态码是 404、500 或其他值，则表示服务器无法返回数据，需要另行处理。

10.2　网络库

在 Python 中，可以通过网络库的 API 向服务器发送请求，并接收服务器端的响应。

10.2.1　urllib

urllib 是 Python 3.x 中内置的 HTTP 请求库，不需要单独安装。urllib 中包含 4 个模块。

（1）request（请求模块）。基本的 HTTP 请求模块，用于发送 HTTP 请求，打开和读取 URL 资源。

（2）error（异常处理模块）。用于处理请求过程中出现的异常。

（3）parse（工具模块）。提供了很多处理 URL 的 API，用于解析 URL 资源，包括拆分、解析、合并等操作。

（4）robotparser（解析模块）。用于解析网页中的 robots.txt 文件，判断该网页中的资源是否可以被获取。

1. 发送请求和响应请求

request 中提供了 urlopen()方法，可以向指定 URL 发送网络请求来获取数据，语法格式如下：

```
urllib.request.urlopen(url[,data[,timeout]])
```

- url 参数：用于指定要链接的网址。

- data 参数：在通过 POST 请求提交 URL 时使用，通常用得比较少。

- timeout 参数：超时时间设置。

【例 10-1】使用 urlopen()方法发送 GET 请求。

程序代码如下：

```
import urllib.request
response = urllib.request.urlopen('https://www.python.org/')
print(response.read().decode('utf-8'))
```

运行结果如下：

```
<!doctype html>
<!--[if lt IE 7]>      <html class="no-js ie6 lt-ie7 lt-ie8 lt-ie9">     <![endif]-->
<!--[if IE 7]>         <html class="no-js ie7 lt-ie8 lt-ie9">             <![endif]-->
<!--[if IE 8]>         <html class="no-js ie8 lt-ie9">                    <![endif]-->
<!--[if gt IE 8]><!--><html class="no-js" lang="en" dir="ltr">  <!--<![endif]-->
<head>
    <!-- Google tag (gtag.js) -->
    <script async src="https://www.googletagmanager.com/gtag/js?id=G-TF35YF9CVH"></script>
    <script>
    window.dataLayer = window.dataLayer || [];
    function gtag(){dataLayer.push(arguments);}
    gtag('js', new Date());
    gtag('config', 'G-TF35YF9CVH');
    </script>…
```

根据【例 10-1】可知，urllib 与服务器端的交互非常容易，只需要 3 行代码就可以完成从服务器端获取 HTML 代码。接下来，可以通过各个模块对 HTML 代码进行解析，提取感兴趣的 URL、文本、图像等数据。

【例 10-2】使用 urlopen()方法发送 POST 请求。

程序代码如下：

```
import urllib.request
data=bytes(urllib.parse.urlencode({'name':'Lisa','age':40}),encoding='utf-8')    #表单数据
response=urllib.request.urlopen('http://httpbin.org/post',data=data)
print(response.read().decode('utf-8'))
```

生成 bytes 类型的表单数据，并将其传递给 urlopen()方法的 data 参数，此时 urlopen()方法会向服务器端提交 POST 请求。http://httpbin.org/post 是一个用于测试 HTTP POST 请求的网址，如果请求成功，则服务器端会将 POST 请求信息返回。

程序代码如下：

```
i{
    "args": {},
    "data": "",
    "files": {},
    "form": {
        "age": "40",
        "name": "Lisa"
    },
    "headers": {
        "Accept-Encoding": "identity",
        "Content-Length": "16",
        "Content-Type": "application/x-www-form-urlencoded",
        "Host": "httpbin.org",
        "User-Agent": "Python-urllib/3.7",
        "X-Amzn-Trace-Id": "Root=1-63da1d10-4e269dfb7e2e5ef41b53958e"
    },
    "json": null,
    "origin": "112.41.51.126",
    "url": "http://httpbin.org/post"
}
```

2. Robots 协议

Robots 协议又被称为"爬虫协议""机器人协议",它的全称是"网络爬虫排除协议"(Robots Exclusion Protocol),用于让爬虫和搜索引擎知道哪些页面或数据可以被获取。该协议的内容通常放在 robots.txt 文件中,位于网页的根目录下。

当爬虫访问一个网页时,需要检查这个网页的根目录下是否存在 robots.txt 文件。如果存在 robots.txt 文件,则爬虫需要根据该文件中定义的获取范围来获取资源;如果不存在 robots.txt 文件,则该网页中的所有资源都可以被获取。

10.2.2 requests

requests 是 Python 实现 HTTP 请求的一种方式。在处理网页验证信息和缓存信息时,requests 的使用比 urllib 简单。requests 是 Python 的第三方库(模块),在使用之前需要先进行安装。

注意:此处的 requests 和 10.2.1 中的 request 不同,此处的 requests 与 urllib 都是网络库,而 10.2.1 中的 request 则是 urllib 中的一个模块。

程序代码如下:

```
pip install requests
```

requests 的主要方法如表 10-1 所示。

表 10-1 requests 的主要方法

方　　法	说　　明
request()	构造一个请求，基本方法，是其他方法的支撑
get()	获取网页，对应 HTTP 中的 GET 请求
post()	向网页提交信息，对应 HTTP 中的 POST 请求
head()	获取网页头信息，对应 HTTP 中的 HEAD 请求
put()	向网页提交 PUT 请求，对应 HTTP 中的 PUT 请求
patch()	向网页提交局部修改的请求
delete()	向网页提交删除请求，对应 HTTP 中的 DELETE 请求

1. GET 请求

通过向服务器发送 GET 请求，获取网页中的资源。

【例 10-3】requests 通过 GET 请求访问 Python 首页，获取首页中的资源。

程序代码如下：

```
import requests
r=requests.get("https://www.python.org/")
print(type(r))              #输出返回的类型
print(r.status_code)        #输出状态码
print(r.cookies)            #输出缓存信息
print(type(r.text))
print(r.text)               #输出首页代码
```

运行结果如下：

```
<class 'requests.models.Response'>
200
<RequestsCookieJar[]>
<class 'str'>
<!doctype html>
<!--[if lt IE 7]>    <html class="no-js ie6 lt-ie7 lt-ie8 lt-ie9">    <![endif]-->
<!--[if IE 7]>         <html class="no-js ie7 lt-ie8 lt-ie9">              <![endif]-->
…
```

2. 添加请求头

有时在请求网络内容时，无论是使用 GET 请求还是 POST 请求，都会出现 403 响应状态码，这是因为服务器设置了反爬虫机制。此时，需要添加请求头，即为 get()方法设置 header 参数。该参数是一个字典类型的值，必须包含 User-Agent 参数的相关信息。

【例 10-4】requests 通过 GET 请求，在添加请求头后访问 Python 首页，获取首页中的资源。

程序代码如下：

```
import requests
headers = {
    'User-Agent':'Mozilla/5.0 (Windows NT 10.0; Win64; x64) '
                        'AppleWebKit/537.36 (KHTML, like Gecko) '
                        'Chrome/109.0.0.0 Safari/537.36'
}
r=requests.get("https://www.python.org/",headers=headers)
print(r.headers)
```

3. 获取二进制数

GET 请求中的 get()方法指定的 URL 不仅可以是网页，还可以是任意二进制文件，如 PNG 图像、PDF 文档等。通过调用响应请求中的内容属性 contents，可以获取二进制数，并将二进制数保存到本地文件中。

【例 10-5】requests 通过 GET 请求获取 PNG 图像。

程序代码如下：

```
import requests
r=requests.get('https://t7.baidu.com/it/u=1595072465,3644073269&fm=193&f=GIF')
f=open('图片.png','wb')
f.write(r.content)
f.close()
```

执行完程序后，会发现当前目录下多了一个.png 文件。

4. POST 请求

在发送 POST 请求时，需要为 data 参数赋值。该参数是字典类型的值，每个键值对都是一对 POST 请求的参数（表单字段）。

【例 10-6】requests 通过 POST 请求获取网页信息。

程序代码如下：

```
import requests
data={
    'username':'Lisa',
    'password':'123456'
}
r=requests.post('http://httpbin.org/post',data=data)
print(r.text)
print(r.json()['form']['username'])
```

运行结果如下：

```
{
  "args": {},
  "data": "",
```

```
    "files": {},
    "form": {
        "password": "123456",
        "username": "Lisa"
    },
    "headers": {
        "Accept": "*/*",
        "Accept-Encoding": "gzip, deflate",
        "Content-Length": "29",
        "Content-Type": "application/x-www-form-urlencoded",
        "Host": "httpbin.org",
        "User-Agent": "python-requests/2.28.2",
        "X-Amzn-Trace-Id": "Root=1-63da4053-526759b91ae3cde32adaa9d6"
    },
    "json": null,
    "origin": "112.41.51.126",
    "url": "http://httpbin.org/post"
}

Lisa
```

10.3　解析模块

通过网络库，可以采集网页中的数据。这些数据以 HTML 数据为主，无法直接读取，需要对它们进行分析、清洗等预处理，方便后续对数据的应用。

10.3.1　正则表达式

正则表达式是一个处理字符串的工具，功能强大，拥有特殊的语法格式和独立的引擎。它是由事先定义好的特殊字符（元字符）组成的规则字符串，通过对待处理的字符串进行过滤，找出符合规则的字符串。正则表达式包括两部分，分别为正则语法和正则处理方法。

1. 元字符与特殊序列

正则表达式的基本语法由普通字符和元字符构成。其中，普通字符是指字母、数字、标点符号等常见的字符，而元字符则是正则表达式中的特殊字符。正则表达式中的元字符如表 10-2 所示。

表 10-2　正则表达式中的元字符

元　字　符	说　　明
.	匹配除换行符以外的任意字符

续表

元 字 符	说　　明
^	匹配行的开始，多行模式下匹配每行的开始
$	匹配行的结束
*	匹配前一个元字符 $0 \sim n$ 次
+	匹配前一个元字符 $1 \sim n$ 次
?	匹配前一个元字符 $0 \sim 1$ 次
{n}	匹配前一个字符 n 次
{m,n}	匹配前一个字符 $m \sim n$ 次
{m,n}?	匹配前一个字符 $m \sim n$ 次，并取尽可能少的情况
\\	对特殊字符进行转义
[]	字符集，一个字符的集合，可匹配其中任意字符
|	逻辑表达式，表示或者，如 a|b 表示可以匹配 a 或者 b

在正则表达式中，特殊序列是一些具有特殊意义的转义序列，由转义符 "\" 和一个具有特定含义的字母构成。正则表达式中的特殊序列如表 10-3 所示。

表 10-3　正则表达式中的特殊序列

元 字 符	说　　明
\A	只在字符串开头进行匹配
\b	匹配位于开头或者结尾的空字符串
\B	匹配不位于开头或者结尾的空字符串
\d	匹配任意十进制数，相当于[0-9]
\D	匹配任意非数字字符，相当于[^0-9]
\s	匹配任意空白字符，相当于[\f\n\r\t\v]
\S	匹配任意非空白字符，相当于[^\f\n\r\t\v]
\w	匹配任意数字和字母，相当于[a-zA-z0-9]
\W	匹配任意非数字和字母，相当于[^a-zA-z0-9]
\Z	只对字符串进行匹配

2. 正则处理方法

re 是 Python 中内置的正则模块，可以直接使用，含有多种正则处理方法，常用方法包括 match()方法、search()方法、findall()方法和 sub()方法。

1）match()方法

该方法尝试从字符串的开头开始匹配，如果匹配成功，则返回一个匹配成功的对象，否则返回 None，语法格式如下：

```
re.match(pattern,string,flags=0)
```

- pattern 参数：表示匹配的正则表达式。
- string 参数：表示要匹配的字符串。

该方法在完成匹配之后会返回一个 match 对象，可以通过 group()方法获取匹配后的结果。

2）search()方法

该方法从字符串中找到一个或多个与文本模式相匹配的字符串，如果匹配成功，则返回一个匹配成功的对象，否则返回 None，语法格式如下：

```
re.search(pattern,string)
```

3）findall()方法

该方法用于查询字符串中某个正则表达式全部的非重复出现情况，与 search()方法执行情况类似，但 findall()方法返回的是一个含搜索结果的列表。如果 findall()方法未匹配成功，则返回一个空列表，语法格式如下：

```
re.findall(pattern,string)
```

【例 10-7】match()方法、search()方法和 findall()方法的使用。

程序代码如下：

```
import re
m=re.match('python','I love python')
print('match()方法匹配结果：',m)
m=re.search('python','I love python')
print('search()方法匹配结果：',m.group())
m=re.findall('python','I love python')
print('findall()方法匹配结果：',m)
```

运行结果如下。

```
match()方法匹配结果  None
search()方法匹配结果：python
findall()方法匹配结果：['python']
```

4）sub()方法

sub()方法用于实现搜索和替换功能。

【例 10-8】sub()方法的使用。

程序代码如下：

```
import re
m=re.sub('python','Guido','I love python')
print(m)
```

运行结果如下。

```
I love Guido
```

3. 常用的正则表达式

常用的正则表达式包括以下几种。

（1）[0-9a-zA-Z]+@[0-9a-zA-Z]+\.[0-9a-zA-Z]{2,3}，属于 E-mail 地址。

（2）\d{1,3}\.\d{1,3}.\d{1,3}.\d{1,3}，属于 IP 地址。

（3）https?:/{2}\w.+，属于 Web 地址。

【例 10-9】测试 E-mail 地址、IP 地址和 Web 地址的匹配情况。

程序代码如下：

```
import re
E-mail='[0-9a-zA-Z]+@[0-9a-zA-Z]+\.[0-9a-zA-Z]{2,3}'
ip='\d{1,3}\.\d{1,3}.\d{1,3}.\d{1,3}'
Web='https?:/{2}\w.+'
result=re.findall(E-mail,'ling@gthjh.com##Fde.')
print(result)
result=re.findall(ip,'333155.23.4.15690909090')
print(result)
result=re.findall(Web,'yuhyunuhttps://www.baidu.com')
print(result)
```

运行结果如下：

```
['ling@gthjh.com']
['155.23.4.156']
['https://www.baidu.com123ddeljhj']
```

10.3.2　Beautiful Soup

Beautiful Soup 是一个可以从 XML 文件和 HTML 文件中提取数据的 Python 文件库。它是一个工具箱，通过解析文件，可以为用户提供需要的数据。由于 Beautiful Soup 非常简单，因此可以使用非常少的代码写出一个完整的 HTML 分析程序，与 requests 搭配使用，可以写出非常简洁且强大的爬虫应用。

Beautiful Soup 可以自动将输入的文件格式转换为 Unicode 编码格式，将输出文件格式转换为 UTF-8 编码格式。所以，在使用 Beautiful Soup 时并不需要考虑编码的问题，除非文件没有指定编码格式，这时只需指定输入文件的编码格式即可。

Beautiful Soup 是第三方库，在使用之前需要先进行安装。

程序代码如下：

```
pip install beautifulsoup4
```

目前推荐使用的 Beautiful Soup 是 Beautiful Soup 4，由于 Beautiful Soup 4 被移植到 bs4 中，因此在导入时需要使用 import 语句。

程序代码如下：

```
from bs4 import BeautifulSoup4
```

1．解析器

Beautiful Soup 底层以解析器为支持，主要包括 Python 自带的 HTML 解析器、lxml HTML 解析器、lxml XML 解析器、HTML5lib 解析器。其中，lxml HTML 解析器是最佳选择，但需要安装 C 语言库，而 Python 自带的 HTML 解析器综合评价较高，语法格式如下：

```
soup = Beautiful Soup(code, 'html.paraer')
```

2．节点选择器

节点选择器可以用于获取节点的名称、属性，以及节点内的文本。先通过节点的名称选取节点，再使用 string 属性获取节点内的文本，这种方法速度较快。

1）直接选择节点

假设 soup 是 Beautiful Soup 类的实例。

程序代码如下：

```
soup.tag.string          #获取节点的内容
soup.tag.name            #获取节点的名称
soup.tag.attrs           #获取节点的属性
```

需要注意的是，如果直接使用标签作为节点，则获取的内容、名称、属性都属于第一个节点。

2）选择嵌套节点

程序代码如下：

```
soup.tag1.tag2.string    #获取节点的内容
soup.tag1.tag2.name      #获取节点的名称
soup.tag1.tag2.attrs     #获取节点的属性
```

3．方法选择器

对于比较简单的 HTML 文件，使用属性选择节点方便而又快捷；但是对于比较复杂的情况，这种方法显得不够灵活。Beautiful Soup 提供了 fina_all()方法、find()方法等处理复杂的情况。

1）find_all()方法

该方法用于根据节点的名称、属性、内容等选择符合条件的所有节点，语法格式如下：

```
def find_all(self, name=None, attrs={}, recursive=True, text=None,···)
```

- name 参数：用于指定节点的名称进行查找。

- attrs 参数：用于指定节点的属性进行查找。

- text 参数：用于指定节点的内容进行查找。

find_all()方法会选取所有符合条件的节点，返回一个 bs4.element.ResultSet 对象。该对象是可迭代的、逐个节点中的信息。

【例 10-10】find_all()方法的使用。

程序代码如下：

```python
from bs4 import BeautifulSoup
html='''
<html>
<head>
    <meta charset="UTF-8"/>
    <title>Python</title>
</head>
<body>
  <div>
    <ul class="menum">
      <li class="menum1"><a class="menum" href="https://www.jd.com/">京东</a></li>
      <li class="menum2"><a class="menum" href="http://www.taobao.com/">淘宝</a>
    </ul>
  </div>
</body>
</html>
'''
#name 参数
soup=BeautifulSoup(html,'html.parser')
ultags=soup.find_all(name='li')
for ultag in ultags:
    print(ultag)
print('---------------------------------------')
#attrs 参数
ultags=soup.find_all(class_="menum")
for ultag in ultags:
    print(ultag)
```

运行结果如下。

```
<li class="menum1"><a class="menum" href="https://www.jd.com/">京东</a></li>
<li class="menum2"><a class="menum" href="http://www.taobao.com/">淘宝</a>
</li>
---------------------------------------
<ul class="menum">
<li class="menum1"><a class="menum" href="https://www.jd.com/">京东</a></li>
<li class="menum2"><a class="menum" href="http://www.taobao.com/">淘宝</a>
</li></ul>
<a class="menum" href="https://www.jd.com/">京东</a>
<a class="menum" href="http://www.taobao.com/">淘宝</a>
```

2）find()方法

find()方法可以查询符合条件的第一个节点，返回一个 bs4.element.Tag 对象。

10.4　本章案例

【案例 10-1】获取赶集网中的招聘信息。

1．案例分析

本案例主要对赶集网中的招聘信息进行获取，相关说明如下。

（1）使用浏览器访问赶集网沈阳主页，在页面中选择"职位"选项卡，打开职位信息列表页面。

（2）职位信息列表页面是获取的信息页面，可以获取的信息包括职位、工作地点、公司名称、工资、福利待遇等。

2．导入模块

本案例需要使用 requests、Beautiful Soup 进行爬虫的开发，并将数据保存到 CSV 文件中。在此基础上，使用 time（Python 的内置模块）进行延时处理。

程序代码如下：

```
import requests
from bs4 import BeautifulSoup
import time
import csv
```

3．生成 URL 列表

在职位信息列表页面底部单击任意"页码"按钮，可以发现 URL 中的某个数字编号会随着页码的变化而变化。

例如：

```
https://sy.ganji.com/job/pn2/?pid=519682100532871168
https://sy.ganji.com/job/pn3/?pid=519682100532871168
https://sy.ganji.com/job/pn4/?pid=519682100532871168
```

字母 pn 后面的数字代表页码。只要动态地改变该值，就可以得到对应页码的 URL。根据这个规律，可以生成 URL 列表。

程序代码如下：

```
#生成 URL 列表
def connectURL(urlStart,count,urlEnd):
```

```
'''生成 URL 列表'''
urlList=[]
for i in range(1,count+1):
    urlList.append(urlStart+str(i)+urlEnd)
return urlList
```

4. 获取网页内容

使用 requests 获取网页内容。

程序代码如下：

```
#根据 URL 获取网页内容
def get_page(url):
    try:
        # 请求头
        headers = {
            'User-Agent': 'Mozilla/5.0 (Windows NT 10.0; Win64; x64) '
                'AppleWebKit/537.36 (KHTML, like Gecko) '
                'Chrome/109.0.0.0 Safari/537.36'
        }
        r = requests.get(url, headers=headers)
        r.encoding = r.apparent_encoding
        return r.text
    except:
        return "获取失败"
```

get_page()函数中使用了 requests 的 GET 请求。为了使请求能更加顺利地通过，创建了虚拟的请求头 headers。

5. 数据分析

打开职位信息列表页面并分析其 HTML 文件，相关说明如下。

（1）每个公司发布的所有信息都被集中放在具有特殊属性的<div class=dataCollectionCls>标签中，可以通过 find_all()方法选择当前页面中的所有节点。

（2）每个待获取的信息几乎都有特殊的属性，如职位信息被放在<li class="ibox-title">标签中，属性鲜明。根据这些属性，使用 find_all()方法逐个将其找出。

（3）按照规则，将获取的信息逐条写入 CSV 文件。

程序代码如下：

```
#解析网页并查找所需信息
def get_page_parse(html):
    # 打开文件，并设置格式
    csv_file = open('data.csv', 'a+', newline='')
    writer = csv.writer(csv_file)
```

```
#首次写入表头
if len(csv_file.readlines())==0:
    writer.writerow(['职位','工资','福利待遇','工作地点','公司名称','href'])
content = []
# 开始解析网页源代码，获取数据
soup = BeautifulSoup(html, 'html.parser')
ultags = soup.find_all('div', class_='dataCollectionCls')
for ultag in ultags:
    job = ultag.find_all('li',class_="ibox-title")[0].get_text()            #职位
    salary = ultag.find_all('li', class_="ibox-salary")[0].get_text().strip()   #工资

    adress = ultag.find_all('li', class_="ibox-address")[0].get_text()      #工作地点
    company = ultag.find_all('li', class_="ibox-enterprise")[0].get_text()  #公司名称
    href = ultag.find_all('a', class_="ibox")[0]['href']
    benefits=ultag.find('div', class_="ibox-icon").find_all('span')
    for benefit in benefits:                                                #福利待遇
        content.append(benefit.text)
    content = list(set(content))
    writer.writerow([job, salary, ','.join(content), adress, company, href])
csv_file.close()
```

6. 主函数

本案例一共获取了 5 页职位信息列表。为了不频繁地访问该网页，每次访问后，延时10s。

主函数的程序代码如下：

```
# 主函数：
if __name__ == '__main__':
    urlList =connectURL('https://sy.ganji.com/job/pn',5,'/?pid=519634230074605568')
    for url in urlList:
        html = get_page(url)
        get_page_parse(html)
        time.sleep(10)
```

10.5　本章小结

网络爬虫理论上分为 4 类，但实际上主要包括两大类，即通用爬虫和聚焦爬虫。通用爬虫类软件主要包括 Google、百度等搜索引擎，以核心算法为主导，学习成本相对较高。聚焦爬虫用于定向获取数据，是一种具有目的性的爬虫技术，学习成本相对较低。

为了让读者更好地进行网络爬虫程序设计，本章介绍了与编写爬虫程序相关的 Web

前端开发技术。Web 前端开发技术的主要作用是分析各类网页的设计架构，以便具有针对性地编写爬虫程序。

另外，本章详细介绍了 Python 中内置的 HTTP 请求库 urllib 和第三方库 requests。urllib 和 requests 各有特点，可完全满足当前编写网络爬虫程序的需求。requests 语法简洁，兼容绝大多数版本，实用性强。

最后，本章着重讲解了 Beautiful Soup。它支持多种选择器，如节点选择器、方法选择器等，功能强大，非常适合用于分析和处理 HTML 文件。

习题

1. （简答）网络爬虫的应用有哪些？

2. （简答）网络爬虫分为哪几种类型？

3. （编程）分别使用 urllib、requests 与 Beautiful Soup 获取百度首页的新闻内容，并保存成文本文件。

第 11 章　数据分析与可视化基础

Python 的数据类型非常适合数据的分析和挖掘，与第三方库和可视化扩展库相结合，可以高效地操作大型数据集，绘制高质量的 2D 图像和 3D 图像。

11.1　数据分析

数据分析是指采用适当的统计分析方法对收集到的大量数据进行分析，获取具有价值的信息，发挥数据的作用。

11.1.1　NumPy

NumPy（Numerical Python）是开源的数值计算扩展库，提供了大量的数学计算函数，如矩阵计算函数、三角函数、随机数生成函数等，可以满足科学计算中的数学和统计需求。NumPy 是 Python 的第三方库，在使用之前需要先进行安装。

程序代码如下：

```
pip install numpy
```

Python 的内置模块 array 不支持多维数组，不适合进行数值计算。NumPy 创建的数组（ndarray）是使用非负整数元组索引的同构多维数组。数组中元素的大小固定，数据类型相同，其核心是数组与数组运算。数组常用的属性如表 11-1 所示。

表 11-1　数组常用的属性

属　　性	说　　明
ndim	用于表示数组的维数
shape	用于表示数组中各元素的大小，为一个整数元组
size	用于表示数组中元素的总个数，等于 shape 中各元素的乘积
dtype	用于表示数组中元素的类型
itermsize	用于表示数组中各元素的字节数
data	数据缓冲区，用于存放数组中的实际元素

NumPy 常用的数学计算函数如表 11-2 所示。

表 11-2　NumPy 常用的数学计算函数

函　　数	说　　明
sin()、cos()、tan()	三角函数

续表

函　　数	说　　明
floor()	向下取整
ceil()	向上取整
amin()	计算数组中的元素沿指定轴的最小值
amax()	计算数组中的元素沿指定轴的最大值
ptp()	计算数组中元素最大值与最小值的差（最大值−最小值）
mean()	计算数组中元素的算术平均值
average()	计算数组中元素的加权平均值
std()	计算数组中元素的标准差
var()	计算数组中元素的方差

1. 创建数组

NumPy 提供了 array()函数、arange()函数、linspace()函数和 logspace()函数，用于创建数组。

【例 11-1】使用 array()函数创建数组，参数为元组或列表。

程序代码如下：

```
import numpy as np
a = np.array(([1,2,3,4],[5,6,7,8]))
print(type(a))
print(a)
```

运行结果如下：

```
<class 'numpy.ndarray'>
[[1 2 3 4]
 [5 6 7 8]]
```

【例 11-2】使用 arange()函数创建数组，并按顺序排列数组中的元素。

程序代码如下：

```
import numpy as np
a1=np.arange(10)
print("a1 的数组是",a1)
a2=np.arange(2,5,0.4)        #从小到大，间隔 0.4，排列 2～5
print("a2 的数组是",a2)
```

运行结果如下：

```
a1 的数组是 [0 1 2 3 4 5 6 7 8 9]
a2 的数组是 [2. 2.4 2.8 3.2 3.6 4. 4.4 4.8]
```

【例 11-3】使用 linspace()函数创建等间隔的数组。

程序代码如下：

```
import numpy as np
a=np.linspace(0,1,6) #从 0～1，创建包括 6 个数的等间隔的数组
print(a)
```

运行结果如下：

```
[0. 0.2 0.4 0.6 0.8 1. ]
```

【例 11-4】使用 logspace()函数创建等比数组。

```
import numpy as np
a=np.logspace(0,2,3)
print(a)
```

运行结果如下：

```
[1. 10. 100.]
```

logspace()函数中的第一个参数 0 表示等比数列中第一项的值是 10 的 0 次方；第二个参数 2 表示等比数列中最后一项的值是 10 的 2 次方；第三个参数 3 表示等比数列中共有 3 项。通过自动计算，第二项的值为 10。

2. 索引和切片

数组中的元素与 Python 中列表、元组等数据结构中的元素类似，可以通过索引或切片来访问和修改。

【例 11-5】索引和切片的使用。

程序代码如下：

```
import numpy as np
a=np.array([[1,7,3,2],[5,7,9,1]])
print('a 为：',a)
print('a[:]为',a[:])                      #获取全部元素
print('a[1]为',a[1])                      #获取行数为 1 的全部元素
print('a[0,1]为',a[0,1])                  #获取（0,1）元素
#按照条件截取
print("a>5 的所有元素为：",a[a>5])        #获取 a 中大于 5 的全部元素
print("a>4 的结果为：",a>4)               #分别比较 a 中各元素与 4 的大小
a[a>4] =10                                #将 a 中大于 4 的元素修改为 10
print("a[a>4]=10 结果为：",a)
```

运行结果如下：

```
a 为：[[1 7 3 2]
     [5 7 9 1]]
a[:]为[[1 7 3 2]
      [5 7 9 1]]
a[1]为[5 7 9 1]
a[0,1]为 7
```

a>5 的所有元素为：[7 7 9]
a>4 的结果为：[[False True False False]
 [True True True False]]
a[a>4]=10 结果为：[[1 10 3 2]
 [10 10 10 1]]

3. 矩阵计算

使用 NumPy 可以方便地在 Python 中进行矩阵运算。

【例 11-6】使用 NumPy 进行矩阵运算。

程序代码如下：

```
import numpy as np
import numpy.linalg as lg
a1 = np.array(((1,2,3),(4,5,6),(7,8,9)))
a2 = np.array(((2,4,6),(3,6,9),(3,5,10)))
print('a1+a2 是',a1+a2)          #相加
print('a1-a2 是',a1-a2)          #相减
print('a1/a2 是',a1/a2)          #相除
print('a1%a2 是',a1%a2)          #取余
print('a1**2 是',a1**2)          #分别对每个元素求平方和
```

运行结果如下：

```
a1+a2 是[[3 6 9]
        [7 11 15]
        [10 13 19]]
a1-a2 是[[-1 -2 -3]
        [1 -1 -3]
        [4 3 -1]]
a1/a2 是[[0.5         0.5         0.5        ]
        [1.33333333 0.83333333 0.66666667]
        [2.33333333 1.6         0.9        ]]
a1%a2 是[[1 2 3]
        [1 5 6]
        [1 3 9]]
a1**2 是[[1   4   9]
        [16 25 36]
        [49 64 81]]
```

11.1.2 SciPy

SciPy 在 NumPy 的基础上增加了很多数学、科学及工程计算中常用的函数。如线性代数函数、常微分方程数值求解函数、信号处理函数、图像处理函数、稀疏矩阵函数等。

安装 SciPy 之前需要先安装 NumPy。SciPy 是第三方库，在使用之前需要先进行安装。

程序代码如下：

```
pip install scipy
```

1. SciPy 常数

constants 是 SciPy 中的常数模块，支持的常数如下：

```
from scipy import constants as C
C.pi        #3.141592653589793      #π
C.golden    #1.618033988749895      #黄金比例
C.c         #299792458.0            #真空中的光速
C.h         #6.62606957e-34         #普朗克常数
```

2. SciPy 特殊函数

special 是 SciPy 中的特殊函数模块，它是一个非常完整的函数库，包含基本数学函数、特殊数学函数及 NumPy 中的所有函数。

【例 11-7】求解如下非线性方程组。

$$\begin{cases} 5x_1 + 3 = 0 \\ 4x_0^2 + 2\sin(x_1 \times x_2) = 0 \\ x_1 \times x_2 - 1.5 = 0 \end{cases}$$

程序代码如下：

```
from scipy.optimize import fsolve
from math import sin
def f(x):
    x0 = float(x[0])
    x1 = float(x[1])
    x2 = float(x[2])
    return [ 5*x1+3, 4*x0*x0 + 2*sin(x1*x2), x1*x2 - 1.5 ]
result = fsolve(f, [1,1,1])
print(result)
print(f(result))
```

运行结果如下：

```
[−0.70622057 −0.6 −2.5]
[0.0, −9.126033262418787e-14, 5.329070518200751e-15]
```

11.1.3 Pandas

Pandas 是 Python 的开源库，最初被用作金融数据分析工具，擅长时间序列分析。Pandas 是第三方库，在使用之前需要先进行安装。

程序代码如下：

```
pip install pandas
```

Pandas 中的核心数据结构是 Series 和 DataFrame。因为两种数据结构都建立在 NumPy 的基础之上，所以在使用之前需要先安装 NumPy。

- Series：一维数组，与 NumPy 中的一维数组，以及 Python 中的列表相似。主要区别是列表中的元素可以是不同类型的数据，而两种一维数组中则只允许存储相同类型的数据，这样可以更有效地使用内存，提高运算效率。

- DataFrame：二维表格型数据结构，很多功能与 R 语言中的 data.frame 类似。可以将 DataFrame 理解为 Series 的容器。

另外，Pandas 中还包括三维数组 Panel。可以将其理解为 DataFrame 的容器。

Pandas 中的数据类型如表 11-3 所示。

表 11-3　Pandas 中的数据类型

类　　型	说　　明
float	浮点数类型，支持缺失值
int	整数类型，不支持缺失值
int64	可为空的整数类型
object	字符串类型（和混合类型）
category	分类类型，支持缺失值
bool	布尔类型，不支持缺失值
boolean	可为空的布尔类型
datetime64	日期类型，支持缺失值

1. 定义 Series 实例

通常使用 Series(data,index,dtype,name)语句来定义 Series 实例，语法格式如下：

```
Series(data=None, index=None, dtype=None, name=None, copy=False, fastpath=False))
```

2. 定义 DataFrame 实例

DataFrame 是二维表格型数据结构，每列数据都是 Series 实例，组成 Series 的集合。

定义 DataFrame 实例的语法格式如下：

```
pandas.DataFrame( data, index, columns, dtype, copy)
```

【例 11-8】DataFrame 的调用。

程序代码如下：

```
import pandas as pd
df = pd.DataFrame([
    {'姓名':'李明','性别':'女','ID':'210102'},
```

```
    {'姓名':'宋青','性别':'男','ID':'210104'},
    {'姓名':'陈峰','性别':'男','ID':'210108'}
])
print(df)
```

运行结果如下：

```
   姓名 性别 ID
0  李明  女  210102
1  宋青  男  210104
2  陈峰  男  210108
```

11.2　数据可视化

数据可视化是枯燥的数字或文字采用图形化的方式进行表达。从数据获取、预处理、统计分析，到数据报表生成，整个数据分析过程都会用到数据可视化技术。

数据可视化通过图形、符号、文字等图形化手段，可以清晰、有效地展示复杂的信息，如数据特征、数据与数据之间的关系、数据的发展趋势等，为相关决策提供参考依据。

11.2.1　Matplotlib 简介

Matplotlib 发布于 2007 年，设计上参考了 MATLAB 的设计理念，所以其名称以"Mat"开头，"plot"表示绘图，"lib"表示集合。Matplotlib 可以绘制线形图、直方图、饼状图、散点图及柱状图，而且可以将图形输出为常见的矢量图和图形格式，如 PDF、SVG、JPG、PNG、BMP 和 GIF 等格式，一般用于将 NumPy 计算的结果可视化。

Matplotlib 是一个 2D 绘图库，主要包括 pylab 和 pyplot 两个库。pylab 集成了 pyplot 和 NumPy，能够进行快速绘图。pyplot 中常用的库有 Figure、Axes 等，可以对图像进行细节处理。

Matplotlib 中的文件相当完备，其官网上有大量缩略图，可以参考对应的程序代码，根据需要绘制图形。

Matplotlib 是第三方库，在使用之前需要先进行安装。

程序代码如下：

```
pip install matlotlib
```

使用 Matplotlib 绘图主要包括以下内容。

（1）Figure（绘图窗体）。

（2）Axes（坐标系）。

（3）Axis（坐标轴）。

（4）图形（使用 plot()函数、scatter()函数、bar()函数、hist()函数、pie()函数等绘制）。

（5）标题（Title）、图例（Labels）等。

Matplotlib 常用的绘图函数如下。

1. figure()函数

figure()函数用于创建绘图对象，新建绘图窗体，独立显示所绘制的图形，语法格式如下：

```
plt.figure(figsize=(width,height)
```

- figsize 参数：用于指定绘图窗体的宽度和高度，单位为英寸。

- dpi 参数：用于指定绘图窗体的分辨率，默认值为 80。

2. plot()函数

plot()函数用于在绘图窗体中显示图形，语法格式如下：

```
plt.plot(x, y, format_string, **kwargs)    #绘制线形图
```

- x 参数：横坐标轴上的数据，可以是列表或数组。

- y 参数：纵坐标轴上的数据，也可以是列表或数组。

- format_string 参数：可选项，用于设置曲线的属性，由字符串构成。

- **kwargs 参数：其他参数，也用于设置曲线的属性，由颜色字符、风格字符和标记字符构成，具体如表 11-4～表 11-6 所示。

表 11-4　颜色字符

颜 色 字 符	说　　明	颜 色 字 符	说　　明
'b'	蓝色	'm'	洋红色
'g'	绿色	'y'	黄色
'r'	红色	'k'	黑色
'c'	青绿色	'w'	白色
'#008000'	RGB 色彩空间中的颜色	'0.8'	灰度值字符串

表 11-5　风格字符

风 格 字 符	说　　明
'-'	实线
'- -'	破折号
'-.'	点画线
':'	虚线
' '	无线条

表 11-6　标记字符

标 记 字 符	说　　明	标 记 字 符	说　　明	标 记 字 符	说　　明
'.'	点标记	'1'	花三角标记	'h'	竖六边形标记
','	像素标记（极小点）	'2'	上花三角标记	'H'	横六边形标记
'o'	实心圈标记	'3'	左花三角标记	'+'	十字标记
'v'	倒三角标记	'4'	右花三角标记	'x'	字母 x 标记
'^'	上三角标记	's'	实心方形标记	'D'	菱形标记
'>'	右三角标记	'p'	实心五角标记	'd'	瘦菱形标记
'<'	左三角标记	'*'	星形标记	'|'	垂直线标记

3．subplot()函数

subplot()函数用于将多个图表绘制于同一个绘图窗体中，语法格式如下：

```
plt.subplot(numRows, numCols, plotNum)
```

● numRows 参数、numCols 参数：分别用于表示整个绘图窗体被划分的行数和列数。在划分之后按照从左到右，从上到下的顺序对每个网格进行编号，左上角网格的编号为 1。

● plotNum 参数：用于指定绘制的图形对象所在的网格。

4．show()函数

show()函数用于显示绘制的图形。

11.2.2　绘制与显示图形

常用的图形有线形图、散点图、饼状图、柱状图和直方图。使用 Matplotlib 绘制并最终显示图形的基本流程如下。

（1）导入 pyplot 并初始化。

程序代码如下：

```
import matplotlib.pyplot as plt
plt.rcParams['font.sans-serif']=['SimHei']        #正常显示中文标签
plt.rcParams['axes.unicode_minus']=False          #正常显示负号
```

（2）使用 figure()函数创建绘图窗体。

（3）添加网格显示。

（4）使用 pyplot 绘图。

常见的绘图函数如表 11-7 所示。

表 11-7　常见的绘图函数

函　　数	说　　明
plt.plot(x,y)	绘制线形图
plt.scatter(x,y)	绘制散点图
plt.bar(x,width,align=,**kwargs)	绘制柱状图
plt.hist(x,bins=None)	绘制直方图
plt.pie(x,labels=,autopct=,colors)	绘制饼状图

（5）添加标签和图例。

添加标签和图例的函数如表 11-8 所示。

表 11-8　添加标签和图例的函数

函　　数	说　　明
plt.xlabel()	指定横坐标轴的名称，可以指定位置、颜色、字体大小等参数
plt.ylabel()	指定纵坐标轴的名称，可以指定位置、颜色、字体大小等参数
plt.title()	指定图表的标题，可以指定标题名称、位置、颜色、字体大小等参数
plt.xlim()	指定当前图形横坐标轴的范围，只能输入数值区间，不能使用字符串
plt.ylim()	指定当前图形纵坐标轴的范围，只能输入数值区间，不能使用字符串
plt.xticks()	指定横坐标轴的刻度数与取值
plt.yticks()	指定纵坐标轴的刻度数与取值
plt.legend()	指定当前图形的图例，可以指定图例的大小、位置和标签等参数

（6）保存和显示图形。

savefig()函数用于保存图形，show()函数用于显示图形，语法格式如下：

```
plt.savefig(dir)
plt.show()
```

当同时需要显示和保存图形时，保存图形的语句应放在显示图形的语句之前，否则保存的图形会显示为空白。

【例 11-9】绘制线形图。

程序代码如下：

```
#导入 pyplot
import matplotlib.pyplot as plt
import numpy as np
#初始化
plt.rcParams['font.sans-serif']=['SimHei']        #正常显示中文标签
plt.rcParams['axes.unicode_minus']=False          #正常显示负号
#数据处理
t = np.arange(0.0, 2.0*np.pi, 0.01)               #设置自变量的取值范围
s = np.sin(t)                                     #计算正弦函数的值
z = np.cos(t)                                      #计算余弦函数的值
```

```
#添加网格显示
plt.grid(True,linestyle='--',alpha=0.5)
#绘制图表
plt.plot(t, s, label='正弦')
plt.plot(t, z, label='余弦')
#添加标签
plt.xlabel('x-变量', fontproperties='STKAITI', fontsize=18)        #设置坐标轴的标签
plt.ylabel('y-正弦-余弦函数值', fontproperties='simhei', fontsize=18)
plt.title('sin-cos 函数图像', fontproperties='STLITI', fontsize=24)     #设置标题
#显示和保存图形
plt.savefig('D:\\Python2011Test\\线形图.png')
plt.show()
```

运行结果如图 11-1 所示。

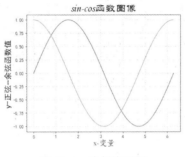

图 11-1 绘制线形图

【例 11-10】绘制散点图。

程序代码如下:

```
import matplotlib.pyplot as plt
import numpy as np
a = np.arange(0, 2.0*np.pi, 0.1)
b = np.cos(a)
plt.scatter(a,b)
plt.show()
```

运行结果如图 11-2 所示。

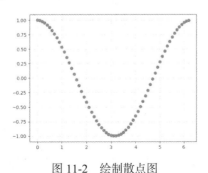

图 11-2 绘制散点图

【例 11-11】绘制柱状图。

程序代码如下：

```python
import numpy as np
import matplotlib.pyplot as plt

#生成测试数据
x = np.linspace(0, 10, 11)
y = x*2
#绘制柱状图
plt.bar(x, y,
        color='red',              #设置柱状图的颜色
        alpha=0.6,                #设置柱状图的透明度
        edgecolor='yellow',       #设置边框的颜色
        linestyle='--',           #设置边框的样式为虚线
        linewidth=1,              #设置边框的线宽
        hatch='*')                #柱状图的内部使用星星填充
#添加文本标注
for xx, yy in zip(x,y):
    plt.text(xx-0.2, yy+0.1, '%2d' % yy)
#显示图形
plt.show()
```

运行结果如图 11-3 所示。

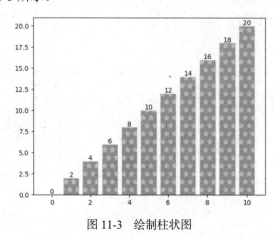

图 11-3　绘制柱状图

【例 11-12】绘制 3D 图形。

程序代码如下：

```python
import numpy as np
import matplotlib.pyplot as plt

x,y = np.mgrid[-2:2:20j, -2:2:20j]        #步长使用虚数来表示
```

```
z = 50 * np.cos(x+y)                      #测试数据
ax = plt.subplot(111, projection='3d')    #3D 图形
ax.plot_surface(x,y,z,rstride=2, cstride=2, cmap=plt.cm.BrBG_r)
ax.set_xlabel('X')                        #设置坐标轴的标签
ax.set_ylabel('Y')
ax.set_zlabel('Z')
plt.savefig('3d.png')
plt.show()
```

运行结果如图 11-4 所示。

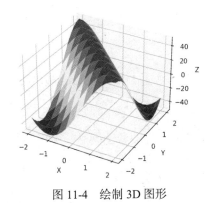

图 11-4　绘制 3D 图形

11.3　本章案例

【案例 11-1】绘制艺术图形。

绘制艺术图形的关键在于利用数学公式，通过计算机的运算，生成各种具有美观效果的艺术图案。本案例绘制重叠 3 次的 5 瓣小花。

绘制过程中，可以利用正弦函数和余弦函数的特性，绘制花瓣的外围，并通过控制坐标系中坐标轴的位置来控制花瓣的大小。

程序代码如下：

```
import numpy as np
import matplotlib.pyplot as plt

fig = plt.figure(figsize=(8,8))
plt.ylim([-1.5 * np.pi, 1.5 * np.pi])      #设置纵坐标轴的取值范围
plt.xlim([-1.5 * np.pi, 1.5 * np.pi])      #设置横坐标轴的取值范围
for i in range(1,4):                       #重复绘制 3 次
    a = np.arange(-np.pi, np.pi, np.pi / 1000)
    n = 5                                  #设置花瓣的数量
    x = np.cos(n * a+i*10) * np.cos(a+i*20)
```

```
        y = np.cos(n * a+i*10) * np.sin(a+i*20)
        plt.plot(x, y)
        plt.fill_between(x, y)
plt.show()
```

运行结果如图 11-5 所示。

图 11-5　绘制重叠 3 次的 5 瓣小花

【案例 11-2】绘制各种图表。

使用 Matplotlib 中 pyplot 提供的各类绘图函数，可以绘制二维图表，形成监控系统的监控界面。在一般情况下，图表的绘制按照以下步骤进行。

（1）获取坐标数据，并将其保存在列表中。

（2）调用绘图函数，绘制图表。

（3）美化图表。

本案例设计服务器监控系统的监控界面，监控的数据包括数据包发送情况、资源占用、机组的实时温度，设计效果如图 11-6 所示。

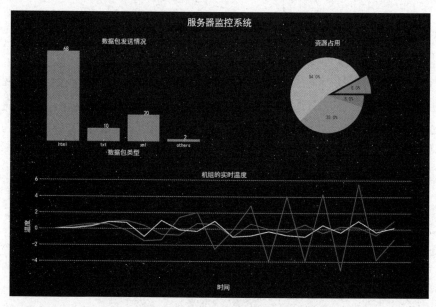

图 11-6　服务器监控系统的监控界面设计效果

根据图 11-6 中的数据包发送情况数据、资源占用数据、机组的实时温度数据，分别绘制柱状图、饼状图、折线图，并设置对应的背景、字体大小、颜色等。

程序代码如下：

```
#导入 pyplot
import matplotlib.pyplot as plt
import numpy as np
#初始化
plt.rcParams['font.sans-serif']=['SimHei']          #正常显示中文标签
plt.rcParams['axes.unicode_minus']=False            #正常显示负号


#设置非绘图区背景色为黑色
fig = plt.figure(figsize=(5,3),facecolor='black')
fig.suptitle('服务器监控系统',color='white',fontsize=20)   #设置监控界面主标题
fig.subplots_adjust(hspace=0.4)                     #调整 subplot 的间距


#绘制柱状图与饼状图


packetData=[68,10,20,2]
packtType=['html','txt','xml','others']
ax1 = plt.subplot(221, facecolor='black')           #占据整个第二行
plt.title('数据包发送情况',color='white',fontsize=14)
ax1.tick_params(axis='x',
                labelsize=10,                       #设置纵坐标轴字体的大小
                color='white',                      #设置纵坐标轴标签的颜色
                labelcolor='white',                 #设置纵坐标轴字体的颜色
                direction='in'                      #设置纵坐标轴标签的方向
                )
plt.bar(packtType,packetData)
for a,b in zip(packtType,packetData):
        plt.text(a,b,b,fontsize=12,color='white')
plt.xlabel('数据包类型',color='white',fontsize=14)

sourceData=[8,54,33,5]                              #设置每个机组占用的资源比例
cpgroup=['机组 1','机组 2','机组 3','机组 4']        #划分机组等级
plt.subplot(222)
plt.title('资源占用',color='white',fontsize=14)

explode=[0.2,0,0,0]
plt.pie(sourceData,explode=explode,labels=cpgroup,autopct='%1.1f%%')

#绘制折线图
ax3 = plt.subplot(212, facecolor='black')           #占据整个第二行
```

```
x= np.linspace(0, 2*np.pi, 20)          #创建自变量数组
y1 = np.sin(x*x)
y2 = np.sin(x*x*x)
y3 = np.cos(x*x)*x
ax3.tick_params(axis='y',
                labelsize=12,            #设置纵坐标轴字体的大小
                color='white',           #设置纵坐标轴标签的颜色
                labelcolor='white',      #设置纵坐标轴字体的颜色
                direction='in'           #设置纵坐标轴标签的方向
                )
plt.grid(True,axis='y',ls='--')          #开启纵坐标轴的虚线网格
plt.plot(x,y1,color='green')
plt.plot(x,y2,color='white')
plt.plot(x,y3,color='red')
plt.title('机组的实时温度',color='white',fontsize=14)    #设置标题
plt.xlabel('时间',color='white',fontsize=14)
plt.ylabel('温度',color='white',fontsize=14)

plt.show()
```

11.4 本章小结

本章介绍了数据分析和数据可视化的概念、特性等基础知识，并结合常用库各自的特点，对 NumPy 数值计算、Pandas 统计分析、Matplotlib 数据可视化等进行了详细阐述。

习题

1.（简答）NumPy 中数组和 Python 中列表的主要区别是什么？

2.（简答）简述在 Python 中使用 Matplotlib 绘图的步骤。

3.（简答）在 Matplotlib 中如何设置横坐标轴和纵坐标轴的刻度？

4.（编程）绘制数学计算函数 $y=4sinx+6x^2$ 的图像。

5.（编程）查阅资料，了解笛卡儿心形线的原理，使用对应的库，完成笛卡儿心形线的绘制。

第 12 章　程序错误与异常处理

异常是指程序运行过程中引发的程序错误。程序错误有很多，如除数为零、越界访问、未找到对应的文件、网络异常、数值计算时类型不匹配、名称错误、运算符使用不合理、磁盘空间不足等。本章将介绍 Python 的 3 种程序错误，包括语法错误、运行时错误和逻辑错误。在此基础上，介绍如何通过 Python 异常处理机制捕获和处理异常。

12.1　程序错误

程序错误是指由于程序本身的错误而导致的功能失常、死机、数据丢失、非正常中断等现象。Python 中的程序错误可以分为语法错误、运行时错误和逻辑错误 3 种。

12.1.1　语法错误

语法是程序中语句的形式规则，是编程的基础。在程序的编写过程中，集成开发环境会对输入的语句进行语法检查。例如，if 语句缺少冒号、缺少缩进等均为语法错误。

【例 12-1】语法错误示例。

程序代码如下：

```
>>> t = 1
>>> if t>0
  File "<stdin>", line 1
    if t>0
         ^
SyntaxError: invalid syntax
```

12.1.2　运行时错误

程序编写完成后并未提示错误，但是在运行过程中产生了错误，这类错误被称为"运行时错误"，包括除数为零、未找到对应的文件、数值计算时类型不匹配、越界访问等。

【例 12-2】运行时错误示例。

程序代码如下：

```
>>> alist = [0,1,2,3,4,5]
>>> alist[7]
Traceback (most recent call last):
```

```
    File "<stdin>", line 1, in <module>
    IndexError: list index out of range
```

12.1.3 逻辑错误

逻辑错误又被称为"语义错误"，指的是程序的运行结果与预期的结果不一致，包括运算符使用不合理、语句次序不合理、输入不完整或不合法等。

【例 12-3】逻辑错误示例。

程序代码如下：

```
>>> dadage=56
>>> sonage=dadage/2
>>> print('儿子的年龄是',sonage)
儿子的年龄是  28.0
```

◥ 12.2 异常处理

异常（exception）是指程序运行时引发的错误。对于大多数的异常，程序不会主动处理，只是通过各种信息进行错误提示。这些异常得不到正确的处理将会导致程序停止运行。

合理地使用 Python 异常处理机制可以避免一些因为用户输入错误或其他未知原因所造成的程序崩溃或终止，同时对晦涩难懂的错误进行提示，友好地展示给最终用户，便于用户更好地处理异常，使程序具有更强的健壮性、容错性。Python 中几种常见的异常如表 12-1 所示。

表 12-1　Python 中几种常见的异常

异　　常	说　　明
NameError	访问不存在的变量
IndexError	越界访问
ImportError	无法导入模块
IOError	输入/输出错误
KeyError	字典中无此键
ValueError	传入无效参数
MemoryError	内存错误
TypeError	类型错误
FileNotFoundError	未找到对应的文件
ZeroDivisionError	除数为零

异常处理主要包括以下两个阶段。

（1）抛出并引发异常。Python 解释器检查到错误并认定为异常，抛出异常。Python 会自动引发异常，也可以通过 raise 显式地引发异常。

（2）检测并处理异常。检测异常，程序忽略异常继续执行，或者程序终止并处理异常。

【例 12-4】异常示例。

程序代码如下：

```
>>> a = 1/0
Traceback (most recent call last):
    File "<stdin>", line 1, in <module>
ZeroDivisionError: division by zero
```

- a = 1/0 参数：表示触发异常的代码。

- Traceback 参数：表示异常追踪信息。

- ZeroDivisionError 参数：表示异常类。

- division by zero 参数：表示异常类的值。

当 Python 中的程序发生异常时，需要捕获并处理异常，否则程序会出现错误或停止运行。Python 为此提供了 try…except 语句、try…except…else 语句、try…except…finally 语句进行异常处理。

12.2.1　try…except **语句**

try…except 语句的语法格式如下：

```
try:
    语句块 1                      #检测异常
except 异常类型[ as  异常数据]:
    语句块 2                      #处理异常
```

其中，语句块 1 中放置可能出现异常的代码，语句块 2 用于处理异常。当程序运行到 try 语句后，Python 会标记该语句在程序中的位置，并运行语句块 1；当语句块 1 出现异常时，程序跳转到语句块 2 开始执行；如果语句块 1 无异常，则不执行语句块 2。

需要注意的是，如果不确定异常的类型，则可以使用 BaseException 进行判断。BaseException 是所有内建异常的基类，通过它可以捕获所有类型的异常。

在使用 try…except 语句的过程中，需要遵循以下原则。

（1）不建议使用该语句来代替常规的检测类语句，如 if…else 语句。

（2）应避免过多地使用异常处理机制，只在确实需要时使用。

（3）在检测异常时，应尽量精准，并针对不同类型的异常设计不同的代码进行处理。

【例 12-5】使用 try…except 语句处理异常。

```
try:
```

```
        m=3/eval(input("请输入："))
        print(m)
except ZeroDivisionError as t:
        print(t)
```

运行结果如下：

请输入：0
division by zero

【例 12-6】使用 BaseException 判断异常类型。

程序代码如下：

```
try:
        m=int(input("请输入："))
except BaseException as t:
        print(t)
```

运行结果如下：

请输入：m
invalid literal for int() with base 10: 'm'

12.2.2　try…except…else 语句

try…except…else 语句的语法格式如下：

```
try:
        语句块 1                  #检测异常
except  异常类型 [as 异常数据]:
        语句块 2                  #处理异常
else:
        语句块 3                  #无异常
```

其中，语句块 1 中放置可能出现异常的代码，语句块 2 用于处理异常，语句块 3 为其他代码。如果语句块 1 被检测到异常，则执行语句块 2；否则执行完语句块 1，接着执行语句块 3。

【例 12-7】使用 try…except…else 语句处理异常。

程序代码如下：

```
at=("tom","lily","lisa","ling")
for i in range(4,1,-1):
        try:
                print(at[i])
        except IndexError as ie:
                print(ie)
        else:
                print(i)
```

运行结果如下：

```
tuple index out of range
ling
3
```

12.2.3　try…except…finally 语句

try…except…finally 语句的语法格式如下：

```
try:
    语句块 1                        #检测异常
except 异常类型 as 数据:            #将捕获的异常对象赋值给 error
    语句块 2                        #处理异常
finally:
    语句块 3
```

如果语句块 1 被检测到异常，则执行语句块 2，接着执行语句块 3；如果语句块 1 未被检测到异常，则在执行完语句块 1 之后执行语句块 3。

【例 12-8】使用 try…except…finally 语句处理异常。

程序代码如下：

```
while 1:
    try:
        m=3/eval(input("请输入： "))
        print(m)
    except ZeroDivisionError as t:
        print(t)
    finally:
        print("必须执行语句")
```

运行结果如下：

```
请输入： 3
1.0
必须执行语句
请输入： 0
division by zero
必须执行语句
```

12.3　本章小结

本章介绍了程序设计过程中可能出现的 3 种错误，并分别举例说明这 3 种错误，便于读者深入地理解。接着，对程序运行过程中的异常处理机制进行分析，重点介绍了 Python

Python 程序设计基础

提供的 3 种异常处理语句的作用和用法，指导读者在程序设计过程中选择合适的异常处理语句，使程序具有更强的健壮性、容错性。

习题

1.（简答）程序设计过程中会出现哪几种错误？

2.（简答）异常处理包括哪几种语句？

3.（简答）为了避免异常，是否可以将所有代码放入 try…except 语句中？为什么？

4.（编程）选择合适的异常处理语句进行程序设计，检测输入的内容是否为整数，如果是整数，则通过；否则捕获异常并报错。

运行结果如下：

```
请输入整数：m
出错，请重新输入
请输入整数：5
输入正确
```